DIE NEUE BREHM-BÜCHEREI

548

Die Mehlschwalbe

Delichon urbica

Zweite, ergänzte Auflage

Heinz Menzel

W/ Die Neue Brehm-Bücherei Bd. 548
V Westarp Wissenschaften · Magdeburg · 1996
Spektrum Akademischer Verlag · Heidelberg · Berlin · Oxford

Mit 64 Abbildungen und 19 Tabellen

Die Deutsche Bibliothek — CIP-Einheitsaufnahme

Menzel, Heinz:
Die Mehlschwalbe: Delichon urbica / Heinz Menzel. –
2. überarb. Auflage
Magdeburg: Westarp-Wiss.; Heidelberg: Spektrum Akad. Verl., 1996
   (Die Neue Brehm-Bücherei; Bd. 548)
   ISBN 3-89432-496-1
NE: GT

Titelbild: Adulte Mehlschwalbe, *Delichon urbica*, am Nest.
Foto: K. STORSBERG.

© 1996 Westarp Wissenschaften,
Wolf Graf von Westarp, Magdeburg
Publiziert in Zusammenarbeit mit
Spektrum Akademischer Verlag, Heidelberg

Satz und Layout: Heinz-Jürgen Kullmann
Druck und Bindung: Hartmann, Ahaus

HERRN DR. HANS LÖHRL
IN DANKBARKEIT GEWIDMET

Vorwort

Viel ist bereits über die Mehlschwalbe geschrieben worden, besonders seitdem dieser Art Kunstnester angeboten werden, die eingehendere brutbiologische Untersuchungen ermöglichen. Neben einer zusammenfassenden Darstellung über die Mehlschwalbe versuchte ich in der vorliegenden Monographie auch, auf offene Probleme hinzuweisen, und der fachkundige Leser wird leicht herausfinden, welche Fragen künftig noch beantwortet werden müssen.

Für Hinweise, Anregungen, Unterstützung bei der Literaturdurchsicht sowie Überlassung von Bildmaterial möchte ich herzlich Frau Dr. I. NEUFELDT, St. Petersburg und Frau S. SCHNABEL, Leipzig sowie den Herrn Dr. F. BALÁT, Brno, S. DANKHOFF, Friedersdorf, G. FREUDENBERG, Dresden, H. HASSE, Mücka, R. HAURI, Bern, E. HEER, Bopfingen, C. HOLZAPFEL, Hamburg, G. HÜBNER, Rathenow, W. JÄHME †, Dr. D. V. KNORRE, Jena, Dr. M. W. KOLOJARZEW, St. Petersburg, Prof., Dr. A. E. LIND, Helsinki, Dr. H. LÖHRL, Egenhausen, Dr. W. MAKATSCH †, Dr. L. PLATH, Rostock, Dr. G. RHEINWALD, Bonn, W. SAUER, Lohsa, R. SCHIPKE, Wartha, R. SCHLENKER, Radolfzell, Dr. A. STIEFEL, Halle/S., D. STREMKE, Tromlitz, D. STRIESE, Görlitz, Prof. Dr. G. THIELCKE, Möggingen, und Dr. G. ZINK, Möggingen, danken.

Den Herren K. HUND † und Prof. Dr. R. PRINZINGER, Frankfurt/M. möchte ich besonderen Dank sagen für eine Reihe ergänzender Bemerkungen und die Durchsicht des Manuskriptes der ersten Auflage. Schließlich danke ich meiner Frau Ruth und meinem Freund M. MÜLLER für ihre vielseitige Mitarbeit sowie der Familie A. MÜLLER, Groß Särchen, für die freundliche Unterstützung.

Die vorliegende zweite Auflage wurde in einigen Teilen aktualisiert und ergänzt.

Lohsa/Oberlausitz, im Dezember 1995   HEINZ MENZEL

Inhaltsverzeichnis

1 Allgemeines über die Mehlschwalbe

Die Familie der Schwalben (Hirundinidae) ist mit vier Arten aus verschiedenen Gattungen in Mitteleuropa vertreten. Es handelt sich um die Uferschwalbe (*Riparia riparia*), die in der offenen Landschaft bei Vorhandensein geeigneter Nistgelegenheiten (Uferwände, Sandgruben o. ä.) vorkommt, die Felsenschwalbe (*Ptyonoprogne rupestris*), die in Gebirgsschluchten und Felsen im Binnenland und an der Küste verbreitet ist sowie um die Rauchschwalbe (*Hirundo rustica*) und die Mehlschwalbe (*Delichon urbica*), die meist ganz in der Nähe des Menschen nisten. Letztere sind aber auch weit entfernt von den Siedlungen in Felsenlandschaften anzutreffen.

Alle vier Arten lassen sich gut voneinander unterscheiden: Die Uferschwalbe, kleiner als die beiden anderen bei uns vorkommenden Arten, ist charakterisiert durch die einfarbig erdbraune Oberseite, durch das braune Brustband und den nur schwach gegabelten Schwanz. Die Rauchschwalbe läßt im Flug ihren tief gegabelten Schwanz deutlich erkennen und ist durch die glänzend schwarzblaue Oberseite, die braunrote Kehle und die rahmweiße Unterseite ausreichend gekennzeichnet. Die Felsenschwalbe ist überwiegend bräunlich gefärbt mit schwacher Schwanzgabelung. Die Mehlschwalbe fällt auf durch ihre blauschwarze Oberseite und den leuchtend weißen Bürzel, die weiße Unterseite und den eingekerbten Schwanz, dessen äußere Schwanzfedern aber keine verlängerten Spieße wie bei der Rauchschwalbe haben. Ihr Gesang ist schwätzend, und im Flug gibt sie »tritri«-ähnliche Rufe von sich. Der Flug ist flatternder als bei der Rauchschwalbe, und beim Jagdflug kann man vielfach abruptes Hochsteigen mit schwirrenden Flügelschlägen beobachten. Die Flügelschlagfrequenz — sie beträgt nach BRUDERER et al. (1972) 9,5 (± 15 %) — ist bei der Mehlschwalbe viel höher als bei der Rauchschwalbe.

Während der Verfolgung beträgt die Fluggeschwindigkeit 74 km/h, auf dem Zug 43 km/h und auf dem Flug zwischen dem Brutplatz und dem Jagdgebiet fast 38 km/h (HARRISSON 1931, ROBERTS 1932, BRYANT & TURNER 1982). Ihr Gewicht liegt etwa zwischen 16 und 25 g und die Gesamtlänge bei 13 cm.

Die Nahrung der Mehlschwalbe besteht überwiegend aus schwebenden Insekten, die in großer Höhe erbeutet werden. Deshalb ist diese Art stark von der Witterung abhängig. Sie kann einzeln nisten, häufiger jedoch in kleinen oder großen Kolonien an den Außenseiten von Gebäuden, unter Brücken und Durchfahrten sowie z. T. an Felsenwänden, ihren ursprünglichen Brutplätzen. Ihr aus Lehm oder ähnlichem Material gefertigtes Nest bildet eine von oben durch die überhängende Wand des Gebäudeteils abgeschlossene Viertelkugel mit einem Flugloch. Die reinweißen Eier werden von Mai bis August gelegt. Es finden überwiegend zwei Bruten statt.

Die ersten Mehlschwalben treffen bei uns im April ein. Die Hauptmasse kehrt jedoch erst im Mai zu ihren Brutplätzen zurück. Der Abzug erstreckt sich vom September bis Oktober. Die Mehlschwalbe ist in Europa, in Asien ostwärts bis Nordwestsibirien, in Japan sowie in Nordwestafrika verbreitet. Sie überwintert in Afrika im Gebiet südlich der Sahara.

2   Zur Systematik

2.1   Stellung im System

Im Handbuch von GLUTZ & BAUER (1985) findet man die Gattung *Delichon* im An-
schluß an die Gattung *Cecropis* BOIE, 1826 als letzte in der Familie Hirundinidae.
Die systematische Eingliederung der Mehlschwalbe sieht wie folgt aus:

Ordnung:	Passeriformes	Sperlingsvögel
Familie:	Hirundinidae	Schwalben
Gattung:	*Delichon* HORSFIELD & MOORE, 1854	
Art:	*Delichon urbica* (LINNÉ, 1758)	Mehlschwalbe

2.2   Unterarten und ihre Verbreitung

Das Verbreitungsgebiet der Mehlschwalbe erstreckt sich über ganz Europa, nördlich bis etwa zum 71. Breitengrad (Abb. 1). Im Süden besiedelt sie das Mittelmeergebiet und Nordwestafrika. In Asien kommt diese Art bis Nordostsibirien (Anadyr-
land) sowie in der Mongolischen Volksrepublik, in Nordostchina und im nördlichen Vorderasien bis zum Himalaja–Gebirge vor. Im Norden Asiens ist die Mehlschwalbe bis zur nördlichen Taiga verbreitet.

Nach neueren Erkenntnissen werden die bisherigen Unterarten *Delichon dasypus*
und *Delichon nipalensis* als selbständige Arten anerkannt (J. HAFFER in GLUTZ &

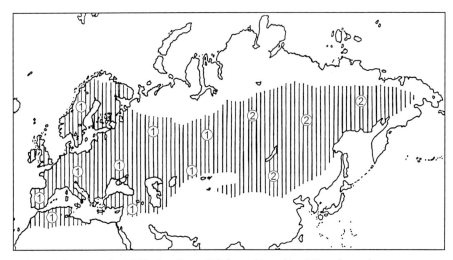

Abb. 1: Verbreitung der Mehlschwalbe. 1 *Delichon urbica urbica*, 2 *D. u. lagopoda*.

BAUER 1985). Wir unterscheiden also zwei Populationsgruppen, die entlang einer relativ schmalen Mischzone verbunden sind (HAFFER).

Delichon urbica urbica

Verbreitung: Westeurasien vom 71. Breitengrad in Skandinavien bis etwa zum 62. Breitengrad in Westsibirien, ostwärts sporadisch bis zum Jennissei, in südlicher Richtung bis nach Südosteuropa und dem Mittelmeergebiet, einbegriffen die Balearen, Malta (THIEDE 1986), Korsika, Sardinien, Sizilien und Zypern sowie Nordwestafrika von Marokko bis zur Cyrenaika. Gelegentlich auch weiter südlich brütend angetroffen (Tunesien, Libyen, Sahara, Südafrika, Namibia). Weiter erstreckt sich das Areal im Süden von der Krim, dem Kaukasus, Kleinasien, dem Nahen Osten, durch den Iran, das Gebiet des Kaspischen Meeres, Westsibirien und die Kirgisischen Steppen, Nord- und Nordostafghanistan, Turkestan bis zum westlichen Altai und der Westmongolei. Außerdem kommt die Nominatform weiter ostwärts im Pamirgebiet bis Gilgit, nördliches Kashmir, Ladakh und nördlich in Punjab vor.

Wanderungen: Zieht durch das Mittelmeergebiet, den Nahen Osten, Irak, Iran, Arabien und Äthiopien (die östlichen Populationen ziehen nach Nordostindien, wo sie in den Zentralprovinzen bis südlich Mysore überwintern). In Afrika überwintern sie südlich der Sahara bis zur Kapprovinz (ZINK 1975). Umherstreifend ist die Nominatform auf Grönland, den Bermudas, Island, den Färøern (dort 2 Bruten nachgewiesen BLOCH & SØRENSEN 1984), Azoren, auf Madeira und den Kanarischen Inseln angetroffen worden.

Delichon urbica lagopoda

Verbreitung: Westsibirisches Tiefland bis an den Jennissei. Im Norden etwa bis zum 69. Breitengrad, südlich zum Altai. Weiter ostwärts bis zum Mittelsibirischen Bergland und dem Gebiet der Lena und Jana, dem Kolymadelta und dem Tschuktschengebirge. Im Süden erstreckt sich das Verbreitungsgebiet bis zur nördlichen Mongolei und Nordostchina.

Wanderungen: Zieht durch das Ussurigebiet sowie Nord- und Ostchina. Überwintert in Südchina, im Indonesischen Gebiet und in Assam. Umherstreifend ist diese Unterart auf Sachalin angetroffen worden.

3   Namen

Nach HEINROTH (1924) wurde die Mehlschwalbe lange Zeit mit dem wissenschaftlichen Namen *Chelidon*, dann als *Hirundo* geführt. Der jetzige Gattungsname *Delichon* kommt aus dem Griechischen. Nach HENSCHEL & WAGNER (1976) entstand aus he chelidón = die Schwalbe durch vertauschen von Buchstaben der Name *Delichon*. Der Artname *urbica* stammt aus dem Lateinischen und bedeutet soviel wie »zur Stadt gehörend«.

Die Mehlschwalbe hat eine große Anzahl von Vulgärnamen. SCHACHT (1877), REICHENOW (1902), BREHM (1913), BORCHERT (1927), GERBER (1953), sowie WÜST (1970) führen in ihren Arbeiten die folgenden Namen auf, von denen wohl gegenwärtig viele auch lokal keine Bedeutung mehr haben dürften. Sie beziehen sich auf das Aussehen, den Neststandort, das verwendete Nestbaumaterial sowie auf den Aufenthaltsort der Mehlschwalben:

Bergschwalbe	Lehmschwalbe	Spyrschwalbe
Blekarsch	Leimschwalbe	Stadtschwalbe
Dachschwalbe	Mauerschwalbe	Steierling
Dorfschwalbe	Münsterspyr	Steinschwalbe
Dreckschwalbe	Murschwalbe	Sterling
Fensterschwalbe	Murspyr	Steyerle
Giebelschwalbe	Plickstertz	Weißärschel
Hausschwalbe	Schmelcherl	Weißspyt
Hausschwälble	Schwälme	Witt Swoalk (auf Helgo-
Kirchschwalbe	Speier	land)
Landschwalbe	Spirkschwalbe	Wittswolk
Laubenschwalbe	Spirschwalbe	

Anschließend noch die Namen in einigen europäischen Sprachen:

Englisch	House Martin
Finnisch	Räystäspääsky
Französisch	Hirondelle de fenêtre
Italienisch	Balestruccio
Luxemburgisch	Schmuelef
Niederländisch	Huiszwaluw
Polnisch	Jaskółka oknówka
Russisch	Gorodskaja lastotschka, woronok
Schwedisch	Hussvala
Serbokroatisch	Piljak kosirić
Spanisch	Avión común
Tschechisch	Jiřićka obecná
Ungarisch	Molnárfecske

Von den Sorben, die in der Lausitz seßhaft sind, wird die Mehlschwalbe łastolca genannt.

4 Beschreibung

4.1 Färbung

4.1.1 Normalfärbung

Bei männlichen und weiblichen Altvögeln ist im Frühjahr und Sommer die gesamte Unterseite reinweiß. Es gibt aber auch Individuen mit dunklen Flecken am Unterschwanz (BROMBACH 1984). Der Lauf und die Zehen sind ebenfalls weiß befiedert und hell fleischfarben. Die Oberseite ist glänzend schwarzblau und der Bürzel reinweiß gefärbt. Der Schwanz, der nur wenig gekerbt ist und die Schwingen sind einfarbig schwarzbraun. Mitunter haben die inneren Armschwingen weiße Federsäume. Der Schnabel ist schwarz und die Iris dunkelbraun gefärbt.

Das Dunenkleid ist gräulichweiß gefärbt. Danach erhalten die Nestlinge durch die Pelzdunen ein weißwolliges Aussehen (HEINROTH 1924). »Im Alter vom 9. bis zum 12. Lebenstag steigt die Körperbedeckung durch das Gefieder von 10 % auf 60 %, um am 17. Lebenstag nahezu 100 % zu erreichen. Parallel dazu beginnen sich die Flügel- und Schwanzfedern zu entwickeln. Diese erreichen aber erst nach dem Ausfliegen der Jungen, etwa ab dem 32. Lebenstag, ihre volle Länge« (SIEDLE & PRINZINGER 1988).

Im Jugendkleid bei beiden Geschlechtern hat die dunkelbraune Oberseite stellenweise einen bläulichen Glanz. Die Flügel sind braun und ebenfalls glanzlos. Die inneren Armschwingen sind mit breiten weißen Säumen versehen. Ebenfalls braun sind die Steuerfedern. Die Unterseite und die Beine sind außer der grauen Kehle, dem grauen Brustband und den grauen Flanken so wie bei den Altvögeln gefärbt. Die Unterschwanzdecken haben dunkle Federsäume. Der Bürzel, der wie die übrige Oberseite gefärbt ist, erscheint gesprenkelt, da die Federn mit weißen Spitzen versehen sind.

Abschließend noch kurz die Merkmale von Rupfungen der Mehlschwalbe: Schwingen rauchbraun, an der Innenfahne aufgehellt. Schwanz schwarzbraun ohne weiße Abzeichen. Die Außenfeder ist im Vergleich zur Rauchschwalbe weniger verlängert. Längste Schwinge 9,1–0,1 cm und längste Steuerfeder 5,5–7,3 cm. Die Maße sind in der absoluten Länge angegeben (MÄRZ 1987).

4.1.2 Farbabweichungen

Nach KOLLIBAY (1906) und PAX (1925) werden Albinos der Mehlschwalbe ziemlich häufig nachgewiesen. Tatsächlich fand ich auch in der mir zur Verfügung stehenden Literatur zahlreiche Angaben über solche Exemplare. Für verschiedene Gebiete wies z. B. GROEBBELS (1951) nach BUCHNER, V. BURG, LEVERKÜHN, LÜHE, ZOLLIKÖFER und V. KÖNIG sechs Albinos der Mehlschwalbe nach. Nach TISCHLER (1941) besaß das damalige Königsberger Museum einen Albino aus »Preußen« und einen von

1880 aus Bothall. FRIESE (nach TISCHLER 1941) erhielt einen Albino aus Rippen, Kreis Heiligenbeil, und THIENEMANN schoß einen 1898 bei Rositten sowie 1909 ein junges ♀ mit gelblichem Anflug des Gefieders und dunklen Augen. Das ehemalige Breslauer Zoologische Museum besaß drei albinotische Exemplare (PAX 1925). KOLLIBAY (1906) besaß einen Albino aus dem Jahre 1897, der von Goglau bei Schweidnitz stammte. Im Museum Heineanum in Halberstadt war nach BORCHERT (1927) ein Albino von 1890 vorhanden.

Im Selketal (Harz) beobachtete BUSCHENDORF (1975) eine Mehlschwalbe, deren rechter Flügelbug, Flügeldecken und Handschwingen reinweiß gefärbt waren. Der linke Flügel wies an den äußeren Teilen von Flügelbug, Flügeldecken und den äußeren Handschwingen eine weiße Färbung auf, sonst war die Mehlschwalbe normal gefärbt. Nach KNOBLOCH (1955) wurde im Sommer 1950 in Zittau ein Mehlschwalbenalbino tot aufgefunden. Im August 1963 sah LAMBERT (1965) am Ivenakker See unter etwa 400 Mehlschwalben einen Albino, und ein weiteres Exemplar entdeckte LAU im Juli 1976 in Zingst–Müggenburg (MÜLLER 1978) sowie GREMPE (brfl.) 1980 in Gager/Rügen. Schließlich sah WODNER (1979) im Sommer 1961 im Uhyster Teichgebiet (Oberlausitz) eine reinweiße Mehlschwalbe mit natürlich gefärbtem Kopf unter anderen Schwalben. Über einen Total- und Teilalbino berichtet auch RHEINWALD (1977) (vgl. Abb. 2).

Abb. 2: Totalalbino der Mehlschwalbe. Foto: G. RHEINWALD (aus RHEINWALD 1977).

MICHELS (1983) beobachtete unter Rauchschwalben und einigen Mehlschwalben in einem Schwarm eine flavistische Schwalbe, die »mit fast weißem Gefieder, einige fahl sepia/braune Gefiederpartien, besonders in der Kehlgegend, aufwies«. Vom Habitus her könnte es eine Mehlschwalbe gewesen sein.

Im Herbst 1985 konnte STRACHE (1988) ebenfalls eine Mehlschwalbe, die völlig weiß erscheinende Flügel- und Schwanzfedern hatte, nachweisen. Am Kopf und Rumpf waren hellbräunliche Federn zu erkennen.

Aus Estland beschreibt VIHT (1971) albinotische Mehlschwalben. In Frankreich sah FOUARGE (1977) drei weiße Exemplare. Ebenfalls wurde im September 1962 in Luxemburg ein Albino beobachtet (ANONYMUS 1963). Nach GRASHOF (1936) und GROTE (1936) wurde am 24. 11. 1928 eine fast ganz weiße Mehlschwalbe in Kenia beobachtet.

4.2 Maße

Die etwa sperlingsgroße Mehlschwalbe mißt nach BERNDT & MEISE (1960) von der Schnabel- bis zur Schwanzspitze 140 mm, und die Spannweite beträgt 260–290 mm (CRAMP 1988). LOSKE (1986) gibt die Schwanzlänge für ad. ♂ mit 58–71 und für ad. ♀ mit 59–68 mm an. Der Schnabel ist nach HEINROTH (1924) 9 mm und der Lauf 9–11,5 mm lang.

Auf die Flügellänge der Mehlschwalbe soll hier etwas näher eingegangen werden. RHEINWALD (1973a), der bei Bonn und Stuttgart von 813 Exemplaren die Flügellänge gemessen hat, kommt zu dem Ergebnis, daß es zwischen ♂ und ♀ keinen

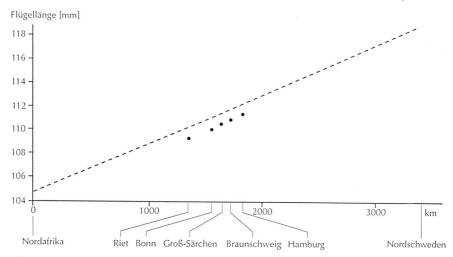

Abb. 3: Vergleich der durchschnittlichen Flügellängen von 5 mitteleuropäischen Populationen der Mehlschwalbe mit dem Süd–Nord Cline (gestrichelt). Riet (n = 534) Ø = 109,2 mm, Bonn (n = 288), Ø = 109,9 mm, Groß Särchen (n = 383) Ø = 110,1 mm, Braunschweig (n = 114) Ø = 110,7 mm, Hamburg (n = 200) Ø = 111,9 mm. Nach CLANCEY (1950), GRUNER (1977), RHEINWALD (1973a) und Verfasser.

signifikanten Unterschied in der Flügellänge gibt. Zu eben solchen Ergebnissen kommen auch GRUNER (1977) sowie der Verfasser, die die Flügellänge bei Mehlschwalben in Hamburg bzw. in Groß Särchen (Oberlausitz) kontrollierten. Die einzelnen durchschnittlichen Flügelmaße, die von 104,5 mm (Nordafrika) bis 118,7 mm (Nordschweden) differieren, sind der Abbildung 3 zu entnehmen.

Nach RHEINWALD (1973a) haben »2jährige Mehlschwalben die durchschnittlich längsten Flügel; 1jährige und besonders diesjährige (ausgewachsene) Vögel sind kurzflügliger, ebenso 3jährige und besonders 4–9jährige Mehlschwalben«.

Das Gewicht der Mehlschwalbe beträgt (13) 16–25 g.

4.3   Unterscheidung der Geschlechter

Die Geschlechtsbestimmung wurde von SVENSSON (1984) zuerst vorgenommen und ist nach RHEINWALD (1973a) nur nach dem Brutfleck möglich. Während bei brütenden Mehlschwalben beim ♀ »der Bauch vollständig nackt ist, hat das ♂ höchstens in der Mitte eine kleine nackte Stelle — sonst ist der Bauch kurz befiedert. Jedoch auch bei Brutvögeln kann es vorkommen, daß die Geschlechtsbestimmung nicht möglich ist, da manchmal Paare ganz zu Beginn kontrolliert wurden, wenn der Brutfleck noch nicht ausgebildet war«.

4.4   Feldornithologische Kennzeichen

Ein feldornithologisches Unterscheidungsmerkmal ist nach KLEINSCHMIDT (Falco, 1917) folgendes: »Ruhig sitzende Rauch- und Mehlschwalben kann man an der Schwanzhaltung unterscheiden. Bei der Rauchschwalbe liegt der Schwanz mit den Flügeln fast in einer Linie, während bei sitzenden Mehlschwalben der Schwanz herabhängt und mit den Flügeln einen starken Winkel bildet«. Sitzende Schwalben lassen sich — von vorn betrachtet — zudem entsprechend Abbildung 4 unterscheiden.

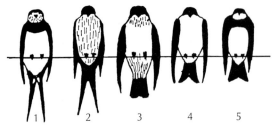

Abb. 4: Unterscheidungsmerkmale bei sitzenden Schwalben. 1 Rauchschwalbe (*Hirundo rustica*), 2 Rötelschwalbe (*Hirundo daurica*), 3 Felsenschwalbe (*Ptyonoprogne rupestris*), 4 Mehlschwalbe (*Delichon urbica*), 5 Uferschwalbe (*Riparia riparia*).

4.5   Bastarde

Nach v. VIETINGHOFF–RIESCH (1955) gibt es Bastarde, die beiden Eltern ähneln, z. B. in den oberen Körperpartien ganz der Mehlschwalbe, in den unteren der Rauchschwalbe. Ein von v. HOMEYER (1876) am 15. 5. 1876 bei Anklam beobachtetes, später erlegtes und von R. TANERÉ präpariertes Exemplar machte dagegen mehr den Eindruck einer Rauchschwalbe. Als besondere Gefiedermerkmale werden hervorgehoben: Schwanz rauchschwalbenähnlich, aber kürzer und ohne weiße Flecken; Bürzel weiß mit schwarzen Federrändern; »...die Kehle ist weißlich rostrot, wie man dieselbe bei den jungen Rauchschwalben im ersten Herbste gewöhnlich findet; darunter ist ein 5 mm breites unterbrochenes Querband von schwärzlich–brauner Farbe ...«.

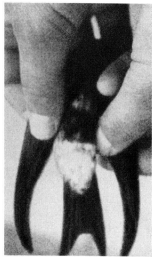

Abb. 5: Rauch–Mehlschwalbenbastard, gefangen am 16. 8. 1969 in Friedrichstadt. Fotos: O. EKELÖF (aus EKELÖF 1970).

Das nach KLEINSCHMIDT (in NAUMANN 1901) am 26. 4. 1898 bei Nierstein erlegte Exemplar war ähnlich gefärbt. Der am 4. September 1971 am Schlafplatz am Roxheimer Altrhein (Kreis Ludwigshafen/Rhein) gefangene Bastard hatte nach MÜLLER et al. (1973) folgendes Aussehen: Er glich einer Rauchschwalbe, sein Kopf war jedoch viel dicker und deutete mehr auf eine Mehlschwalbe hin. Der Rücken glänzte wie bei einer Mehlschwalbe, der Bürzel war rötlich–braun mit einigen dunklen Flecken. Die Stirn war rotbraun wie bei einer Rauchschwalbe, der Kehlfleck hellbraun und in der Mitte der Brust genau abgegrenzt. Die Unterflügeldecken und die Afterfedern waren bräunlich–weiß gefärbt. Die Beine waren behaart wie bei der Mehlschwalbe. Der Gabelschwanz zeigte keine weißen Flecken, wie sie die Rauchschwalbe aufweist.

Der von RINGLEBEN (1948) auf Neuwerk beobachtete Durchzügler, dessen Aussehen, Flug und Stimme im wesentlichen einer Mehlschwalbe glichen, unterschied sich von dieser durch die dunkle Kehle und durch einen stahlblau gefärbten Bürzel. Bei dem von ELSNER (1951) aus der Mark Brandenburg beschriebenen Bastard war die Oberseite ganz dunkel, keine rotbraune Stirn, Kehle schwach rotbraun, nach hinten nicht dunkel begrenzt, die Füße wie bei der Rauchschwalbe mit Schildern

Abb. 6: Rauch–Mehlschwalbenbastard gefangen in Westfalen. Fotos:
K.-H. Loske.

bedeckt. Im Sitzen hatte dieses Exemplar eine auffällige Ähnlichkeit mit einer
Mehlschwalbe. Die äußeren Schwanzfedernpaare waren nicht so lang wie bei der
Rauchschwalbe, und sie hatten nur eine schwache Andeutung der bei Rauch-
schwalben vorhandenen Flecke. Die übrigen Schwanzfedern waren einfarbig dunkel.

Tab. 1: In Deutschland nachgewiesene Bastarde zwischen Rauch- und Mehlschwalbe.

Nr.	Jahr	Ort	Autor
1	1876	Anklam	V. VIETINGHOFF–RIESCH (1955)
2	1898	Nierstein/Rhein.	V. VIETINGHOFF–RIESCH (1955)
3	1927	Cremlingen b. Braunschweig	HAMPE (1928)
4	1929	Cremlingen b. Braunschweig	HAMPE (1931)
5	1931	Cremlingen b. Braunschweig	BERNDT (1931)
6	1939	?	UTTENDÖRFER (1939)
7	1948	Neuwerk b. Cuxhaven	RINGLEBEN (1948)
8	1951	Mark Brandenburg	ELSNER (1951)
9	1959	Halbinsel Mettnau, Bodensee	BERTHOLD et al. (1979)
10	1960	bei Hildesheim	BECKER (1961)
11	1962	Serrahn b. Neustrelitz	LAMBERT (1965)
12	1963	Hiddensee	LAMBERT (1965)
13	1969	Friedrichstadt	EKELÖF (1970)
14	1971	Roxheimer Altrhein	MÜLLER et al. (1973)
15	1971	bei Leipzig	DORSCH (1985)
16	1972	Roxheimer Altrhein	MÜLLER et al. (1973)
17	1974	Thüringen	DORSCH (1977)
18	1974	Eschefelder Teiche	STREMKE (brfl.)
19	1975	?	JOREK (1975)
20	1977	Rethwisch, Mecklenb.–Vorpommern	LAMBERT (1989)
21	1978	Langeneiche/Westfalen	LOSKE & RINSCHE (1977)
22	1979	Rebbeke/Westfalen	LOSKE & RINSCHE (1977)
23	1979	Nossentin, Mecklenburg	ANONYMUS (1981)
24	1980	bei Zingst/Darß	LAU (MÜLLER 1982)
25	1981	Brenner Moor, Schleswig–Holstein	HINZE lt. HENNINGS (BERNDT & BUSCHE 1983)

Über das Verhalten der Bastarde schreibt V. VIETINGHOFF–RIESCH (1955) folgendes: »Auch die Stimme richtet sich danach, ob Merkmale der Rauch- oder Mehlschwalbe dominieren. Der Neuwerker Durchzügler rief wie eine Mehlschwalbe, der märkische Bastard wie eine Rauchschwalbe; die Lockstimme des einen Mischlings aus Cremlingen klang wie »Witt–witt« rauchschwalbenartig, doch war das »i« etwas reiner, und als Nestjunges hatte er ein schnarrendes »err« hören lassen. Der 1825 bei Neiße erlegte Mischling hatte eine Stimme, die weder der einer Rauchschwalbe noch der einer Mehlschwalbe glich, sondern stieglitzähnlich, etwas gedehnter, aber weniger abgestoßen und nicht so angenehm klang«.

Einen Paarungsversuch zwischen Rauch- und Mehlschwalbe konnte v. HOMEYER (1876) beobachten. Ein singendes ♂ der Mehlschwalbe saß auf einem Telegraphendraht, neben ihm ein Rauchschwalbenweibchen. Das ♂ näherte sich der Rauchschwalbe mit Flügelwippen. Endlich sprang es ihm auf den Rücken und wollte es begatten, doch flog die Rauchschwalbe fort und setzte sich 15 Schritt weiter. Das Mehlschwalben–♂ folgte zwar mehrmals, doch kam es zu keiner Begattung.

Soweit man Bastarde aus Nestern kennt, waren es stets die einzigen unter normalen Nestgeschwistern; es entwickelt sich also keine Ehe zwischen den verschiedenartigen Eltern, sondern es kommt wohl nur zu einer mehr zufälligen Begattung.

An seinem Niersteiner Mischling beobachtete KLEINSCHMIDT (in NAUMANN 1901), daß er sich immer allein hielt und im folgenden Frühjahr als erste aller Rauchschwalben eintraf. Der märkische Bastard versuchte wiederholt, ein ♀ der Rauchschwalbe zu treten, wurde aber von ihr wieder verjagt und blieb ohne Partner. Er flog ab und zu in den Stall, besserte dort ein leeres Rauchschwalbennest aus und baute dessen oberen Nestrand höher, als es bei der Rauchschwalbe üblich ist. Der Cremlinger Mischling machte Mitte Mai als zweijähriger Vogel den Versuch, ein ♀ der Rauchschwalbe zu treten, dessen Ehe dadurch vorübergehend sogar gefährdet wurde, und war im übrigen so zahm, daß er Mehlwürmer aus der Hand fraß.

Trotz ihrer verwandtschaftlichen Nähe sind Bastarde zwischen Rauch- und Mehlschwalbe große Seltenheiten. In seiner Rauchschwalbenmonographie führt V. VIETINGHOFF-RIESCH (1955) 17 Bastardierungen auf, denen mindestens 32 weitere hinzugefügt werden können. Über das Vorkommen der nachgewiesenen Bastarde in Deutschland siehe Tabelle 1. Die weiteren 24 Nachweise wurden in den anderen europäischen Ländern nachgewiesen (siehe bei VANSTEENWEGEN 1981) sowie HAVERSCHMIDT (1932), KIHLÉN (1933), VAN SPIJK (1937), V. VIETINGHOFF-RIESCH (1955), FERIANC & BRTEK (1974), BROAD (1977), MÜLLER (1982), STEPHENSON & DORAN (1982), BERNDT & BUSCHE (1983), GRECH (1985) und WIPRÄCHTIGER (1987).

4.6   Mauser

Die Mauser, der Gefiederwechsel, beginnt bei der Mehlschwalbe nach Beendigung der Brutperiode und wird im Winterquartier abgeschlossen.

Bei den jungen Mehlschwalben findet die Kleingefiedermauser ab August statt. Eine weitere Mauser des Kleingefieders vollzieht sich im Winterquartier von Januar bis April. Das Großgefieder wird bei jungen Mehlschwalben in der Regel nicht vor November gewechselt, sondern erst im Winterquartier. WINKLER (1975), der Anfang Oktober 1974 in der Schweiz während des frühen Wintereinbruchs 3 705 junge Mehlschwalben auf den Mauserzustand des Großgefieders untersuchte, fand 5 (= 0,1 %) Exemplare mit neuen oder wachsenden Schwung- und Deckfedern. In allen Fällen hatten die Jungen nur die innere Handschwinge erneuert.

Die in Europa brütenden Mehlschwalben beginnen mit der Klein- und teilweise auch mit der Großgefiedermauser im (Juli) August an den Brutplätzen. Eine weitere Kleingefiedermauser findet wie bei den jungen Mehlschwalben im Winterquartier statt. Von 948 alten Mehlschwalben fand WINKLER (1975) bei seinen Untersuchungen — ebenfalls im Oktober 1974 — 45 Exemplare (= 5 %) mit neuen oder wachsenden Schwung- und Deckfedern. »Es fällt auf, daß nur bei einem Drittel der Vögel eine oder zwei Handschwingen im Wachsen begriffen waren, die restlichen zwei Drittel jedoch die Mauser vermutlich für die Dauer des Herbstzuges unterbrochen haben, wie es auch andere Singvögel tun« (WINKLER 1975). 14 Mehlschwalben hatten bestimmte Federn nur am rechten oder linken Flügel erneuert. Für die Tabelle 2 wurde nach WINKLER nur der Flügel, an dem die Mauser am weitesten fortgeschritten war, berücksichtigt. Die Schwanzfedern der untersuchten Mehlschwalben waren durchweg alt oder vereinzelt regellos erneuert, was nach

WINKLER sicher auf zufälligen Verlust der betreffenden alten Feder im Verlaufe des Sommers zurückzuführen ist. Wie bei den Jungen wird das gesamte Großgefieder bei den europäischen Populationen normalerweise erst im Winterquartier gewechselt. Die Befunde von WINKLER berechtigen jedoch zur Annahme, daß ein kleiner Teil von Mehlschwalben regelmäßig schon im Brutgebiet mit der Mauser beginnt, »diese Erscheinung also nicht eine Ausnahme darstellt«.

Tab. 2: Mauserverhältnisse bei erwachsenen Mehlschwalben im Oktober 1974. w = wachsende Feder, n = fertig ausgebildete neue Feder. Nach WINKLER (1975).

Anzahl der Mehlschwalben	Handschwingen				Armschwingen			
	1	2	3	4	1	7	8	9
10	–	–	–	–	–	–	n	–
15	w	–	–	–	–	–	–	–
10	n	–	–	–	–	–	–	–
2	n	–	–	–	–	–	n	–
3	w	w	–	–	–	–	–	–
3	n	n	–	–	–	–	–	–
1	n	n	–	–	–	–	n	–
1	n	n	n	n	n	n	n	n

4.7 Mißbildungen

Über Mißbildungen bei der Mehlschwalbe fand ich in der Literatur vier Angaben. NETTERSTRÖM (1961) sah im August 1959 in Schweden einen Nestling, dem der linke Flügel fehlte. Auch LÖHRL (brfl.) erhielt eine junge Mehlschwalbe im besten Zustand, bei der ein Flügel fehlte, ohne erkennbare Narbe. Eine flügellos geborene Mehlschwalbe wurde nach LOSKE (1983) auf einer Fensterbank unterhalb einer Mehlschwalbenkolonie von BREHMER aufgefunden. Das Tier, das einen ausgesprochenen gesunden Eindruck machte, war wahrscheinlich bei dem Versuch auszufliegen, auf die Fensterbank gefallen. In der nördlichen Slowakei wies ŠPICHAL (1938) eine verletzte Mehlschwalbe nach, die drei Beine hatte. Zwei waren ganz normal entwickelt, das dritte, etwa einen halben Zentimeter hinter dem rechten Bein im Becken eingelenkt, besaß 6 Zehen, von denen je zwei bis auf das letzte Zehenglied verwachsen waren. Alle Zehen hatten normal entwickelte Krallen.

5 Verhalten

5.1 Lautäußerungen

Es ist schwer, die Mehlschwalbenlaute — wie überhaupt auch der meisten anderen Vögel — in Worten auszudrücken. Der Gesang dieser Vogelart ist, wie NIETHAMMER (1937) schreibt, ein »leise schwatzender«. Andere Autoren wie KÖNIG (1966) bezeichnen den Gesang als »ein leises schwatzendes Zwitschern« oder als ein »unbedeutendes Schwatzen, weniger laut und melodisch als der der Rauchschwalbe (*Hirundo rustica*)« (HEINZEL et al. 1977).

Die Stimme der Mehlschwalbe wird nach NIETHAMMER als schnirpendes »tsrr« oder nach KÖNIG (1966) als »schrripp« bezeichnet. Nach LIND (1962) unterscheiden wir verschiedene Warnlaute, die im Verhalten der Mehlschwalbe zu ihren Feinden und in der entsprechenden Alarmreaktion in Erscheinung treten. Hierbei spielt »die Art und die Gefährlichkeit eine große Rolle« (vgl. Tab. 3):

Tab. 3: Rufe der Mehlschwalbe und deren Bedeutung.

Art des Rufes	Beschreibung	Reaktion
Starker Fluglaut	Tritri, driddrli	Wechsel der Handlungen, Spähen
Wahrnehmungslaut	trieer, trieeer	Spähen, Flugreaktion
Warnruf	tsier, tsieer	Flucht, Angriff

Bei unmittelbarer Gefahr kommt der Warnruf in Extremfällen in der Form »tsitsitsitsier« oder »tsitsitsi« vor.

Die Lautäußerungen, die bei der Ablösung am Nest zu hören sind, erfolgen nur dann, wenn dieser Vorgang irgendwie verzögert wird; im allgemeinen geht die Ablösung am Nest lautlos vor sich. LIND beschreibt die Ablösung wie folgt: »Wenn das Individuum, das auf dem Flug ist, Lautäußerungen von sich gibt, ehe es zum Brüten kommen will, antwortet das sitzende Individuum regelmäßig — und zwar sowohl das ♂ wie auch das ♀ — mit gepreßtem Gesang oder manchmal auch mit normalem Gesang. Dieser Vorgang ist jedoch nicht sehr häufig.

Beim Heranfliegen hingegen läßt die Mehlschwalbe gewöhnlich im Flug etwa 0,5 m vom Nest ihren normalen Fluglaut hören. Bei 50 Beobachtungen im Bebrütungsstadium habe ich ausnahmslos diesen Ruf gehört. Auch in anderen Niststadien kann man ihn oft beim Herannahen ans Nest hören, mit Sicherheit aber während der Bebrütung.

Deutlicher und auch häufiger sind die Lautäußerungen jedoch beim Verlassen des Nestes im Vergleich zu den anderen Stadien der Brutperiode. Vom Fluglaut unterscheidet sich der beim Verlassen der Eier ausgestoßene Laut in erster Linie dadurch, daß er gewöhnlich viel länger und meistens nur einsilbig ist, während der

Fluglaut wiederum zumeist zwei Silben hat. Den beim Wegfliegen nach einer Brutsitzung ausgestoßenen Laut habe ich beim ♀ mit »bliiit–bliit–bliit« oder »pliit–pliit–pliit« angegeben und beim ♂ mit »triit–triiit« oder »triii–trit«. Gewöhnlich läßt die Mehlschwalbe — und zwar besonders das ♀ — diesen Ruf auf den ersten 25 bis 150 Flugmetern hören«.

Bei Aggression, auch zwischen ausgewachsenen Jungvögeln im Nest, kann man zuweilen anhaltende wiederholte Laute, die BERGMANN & HELB (1982) mit »pschiit« beschreiben, vernehmen.

Mitunter imitieren auch andere Vogelarten die Laute der Mehlschwalbe. So ahmte nach BERGMANN (1973) eine Dorngrasmücke (*Sylvia communis*) die Flugrufe der Mehlschwalbe nach. In einem Bruchgelände am Rhein bei Mannheim beobachtete SCHMIDT–KOENIG (1956) ein Weißsterniges Blaukehlchen (*Luscinia svecica cyanecula*), das das Stimmengewirr ganzer Mehlschwalbenschwärme imitierte. PANNACH (1983) beobachtete in Ostpolen einen Neuntöter (*Lanius collurio*), der den Gesang der Mehlschwalbe nachahmte. Nach PANOW (1974) flechten auch die ♂ der Schwarzsteinschmätzer (*Oenanthe picata*) und der Mittelmeersteinschmätzer (*Oenanthe hispanica*) in ihren Gesang Imitationen der Mehlschwalbe mit ein.

Abschließend noch etwas über die Bettellaute der jungen Mehlschwalben. Diese hört man außerhalb des Nestes, sobald die Jungen ein Alter von zwei bis vier Tagen erreicht haben. LIND (1960) beschreibt die Laute als einsilbiges »tik tik tik«, welche mit Unterbrechungen vorgetragen werden. Die späteren Laute, die etwa wie »zittritvitvii« klingen, erinnern gewissermaßen an ein Sägen. Im Alter von etwa acht Tagen wird der Bettellaut auch noch kräftiger. Sind die Jungen etwa zwei Wochen alt, ist der Fluglaut zu hören, den LIND mit »trik trik« oder »vrit« beschreibt. Etwa drei Tage später ist der Fluglaut schon ausgesprochen hell und melodisch und wird besonders kurz vor dem Ausfliegen gedehnt »triiit triiit« oder »priii priii« vorgetragen.

Drohlaute hörte LIND erstmals bei Jungen im Alter von 20 Tagen. Sie unterscheiden sich etwa von dem entsprechenden Laut der Alten. Der Laut »tärrrtätätä« ist bei den Jungen besonders nach im Nest ausgetragenen Kämpfen zu hören, ebenso bei adulten sich streitenden Mehlschwalben.

Ab einem Alter von knapp zwei Wochen sind die Bettellaute auch die ganze Nacht über zu vernehmen. Wenn mehrere Nester am Haus sind, können diese Laute unter Umständen sehr störend sein, wenn die Kolonie in Schlafzimmernähe ist. Wegen dieser »Ruhestörung« mußte HUND (brfl.) schon wiederholt Kunstnester wieder beseitigen.

5.2 Fluganhassen, Angreifen anderer Arten und Verhalten gegenüber Feinden

Bei der Mehlschwalbe wird mitunter auch das Fluganhassen anderer Vogelarten beobachtet. NOWAK (1974) berichtet, daß die Mehlschwalbe mit zu den Kleinvögeln gehört, die die Türkentaube (*Streptopelia decaocto*) anhassen. Auch HAURI (1978) konnte bei Mauerläufern (*Tichodroma muraria*) beobachten, wie diese während der ganzen Brutzeit fast täglich von den Mehlschwalben angegriffen wurden. Einen Star (*Sturnus vulgaris*), der von einer Mehlschwalbe heftig und geschickt wiederholt angegriffen wurde, konnte STREHLOW (1971) beobachten. Ob die Schwalbe dem Star Beute abjagen wollte oder ihn nur spielerisch bestürmte, konnte dieser Autor nicht entscheiden.

Im Vergleich zu den meisten anderen Sperlingsvögeln haben die Schwalben nur wenig Feinde, denen sie während des Fluges zum Opfer fallen. Dagegen ist ihr Nestbau für manche Tierarten Anlaß, als Feind oder Konkurrent der Mehlschwalbe wirksam zu werden. Erwähnt sei hier nur der Haussperling.

»Ein direkter Sturz gegen den Feind scheint bei der Mehlschwalbe nur selten als Verteidigung vorzukommen, es sei denn gegen die Arten, die in das Nest der Mehlschwalbe eindringen« (LIND 1962). Dieses »Stoßpulverhalten« bei Mehlschwalben gegenüber Feinden, die in Nestnähe auftauchen, konnte von SELLIN (1973) — hier wurde der Angriff auf einen Sperber durchgeführt — bestätigt werden.

Über das Feindverhalten von Mehlschwalben berichtet LIND (1962), daß die einen Feind abwehrenden Mehlschwalbenschwärme sich durch ein schnelles Auffliegen auszeichnen. Halten sie sich in Schwärmen auf, fliegen sie gemeinsam höher, halten sie sich dagegen zerstreut auf, fliegt jede Schwalbe für sich in die Höhe. Nach LIND kann das Auffliegen beim Erscheinen eines Falken als vorteilhaft gedeutet werden, »denn es gelingt der Schwalbe meistens, durch pfeilschnellen Flug, ihr Leben zu retten«. Ebenso dient auch das Hochfliegen der Mehlschwalbe über den Falken diesem Zweck, weil das Steigvermögen dieser Vogelart größer ist als das des schnellsten Falken. Das Ansammeln zu einer Schar hat offenbar den Sinn, ein effektives Umherspähen zu erreichen.

Nach Abzug des Feindes verringern die Mehlschwalben ihre Fluggeschwindigkeit und fliegen ohne Hast zu ihren Brutplätzen zurück oder beginnen wieder mit der Nahrungssuche. Das Erscheinen einer Katze in der Nähe einer Brutkolonie löst bei der Mehlschwalbe eine schwächere Reaktion aus. Die Katze wird von ihnen im Flug umkreist und aufmerksam beobachtet.

Über den Wanderfalken, der oft in unmittelbarer Nachbarschaft oder sogar inmitten der Mehlschwalbenkolonien auf Rügen brütete, berichtet SCHNURRE (1973), daß die Schwalben die Annäherung mit aufgeregten Rufen anzeigten, doch machten die Falken innerhalb der Kolonie niemals den Versuch, eine Mehlschwalbe zu schlagen. Ganz anders verhielt sich ein Brutpaar des Baumfalken. Dasselbe machte von der bequemen Gelegenheit Gebrauch, Mehlschwalben in der ihnen benachbarten Kolonie zu schlagen (SCHNURRE 1973).

Zum Schluß dieses Abschnittes sei noch eine Beobachtung von BAUMGART (1973) beigefügt. Derselbe sah an der Schwarzmeerküste, daß Mehlschwalben mehrmals, als sich ihnen ein Düsenflugzeug frontal näherte, zur Schwarmbildung übergingen. Es wurde von den Schwalben wohl wegen der silhouettenähnlichen Form für einen anjagenden Greifvogel gehalten.

5.3 Schwarmbildung und Schwarmverhalten

Zum Schwarmverhalten der Mehlschwalbe hat LIND (1963) umfassende Untersuchungen durchgeführt, die im Rahmen dieser Monographie nur in kurzer Form wiedergegeben werden können. Das Schwarmverhalten während der Brutzeit kommt bei gleichen Handlungen der Mehlschwalbe in bestimmten Situationen zustande:

- Schwarmbildung an Lehmpfützen. Die Geselligkeit ließ mit fortschreitendem Nestbau nach, und zugleich wurden die Lehmtragestrecken kürzer.

- Schwarmbildung beim Sammeln von Polstermaterial. Das Material zum Auspolstern des Nestes suchen die Mehlschwalben individuell. Wenn ein Vogel solches Material gefunden hat, kommen die anderen Angehörigen der Kolonie sofort herbeigeflogen.

- Schwarmbildung, während der Ehepartner auf den Eiern sitzt. Zwischen dem Brüten scharen die Mehlschwalben sich oft zu Schwärmen zusammen, die ein bestimmtes Individuum, das zum Brüten ins Nest fliegt, gelegentlich »begleiten«.

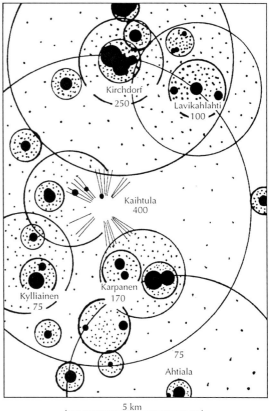

Abb. 7: Schematische Darstellung der Schwarmbildung der Mehlschwalbe in Savitaipale (Finnland). Die Punkte stellen die Nistkolonien der Mehlschwalbe und die Zahlen die Größe der Schwärme dar, mit Pfeilen sind die Flugrichtungen der Vögel am Abend markiert, wenn sie den tageszeitlichen Aufenthaltsort verließen. Dicht punktierte Kreise: Aufenthaltsgebiet der kürzlich flügge gewordenen Jungen, leicht punktierte Kreise: Anfangsstadien der Schwarmbildung, größte Kreise: Aufenthaltsgebiete der größten Schwärme. Die beliebten Sitzplätze waren in der Mitte der Kreise gelegen. Nach LIND (1963).

- Schwarmbildung, wenn die Jungen zum Fliegen gelockt werden. Die Jungen werden zum ersten Flug kaum von ihren Eltern allein gelockt.
- Schwarmbildung beim Rüttelflug. Das rüttelnde Individuum löst auch bei den anderen diese Handlung aus.
- Sandpicken als Schwarmhandlung. Die Mehlschwalben picken Sand an offenen Stellen. Weniger als drei Individuen habe ich nie gleichzeitig Sand picken sehen.
- Jagdflüge als Schwarmbildung. Die in Kolonien brütenden Mehlschwalben haben einen gemeinsamen Jagdgrund, die Einzelbrüter zumeist nicht.
- Abendflug als Schwarmbildung. Der Abendflug (Abb. 7) wird sowohl von den Einzelbrütern wie auch von den in Kolonien nistenden Mehlschwalben unternommen. Die Vögel streifen in Scharen von einem Nestplatz zum anderen.
- Schwarmbildung, wenn ein Feind in Sicht ist. Die Mehlschwalben steigen bis 75 m hoch auf und scharen sich zusammen.

Die herbstlichen Schwarmbildungen kommen in Mitteleuropa im August und September zustande und werden nach LIND an relativ warmen Tagen beobachtet (Abb. 8). Sie erreichen ihren Höhepunkt nicht vormittags (wie bei vielen anderen Vögeln!), sondern nachmittags. Wenn die Kolonien nicht weit voneinander entfernt liegen, bilden die Mehlschwalben oft einen gemeinsamen Schwarm. Die Schwarmbildung im Herbst umfaßt unterschiedliche Ruhepausen und Flüge. Wie LIND feststellte, lassen sie sich in der naturbedingten Umgebung zum Sitzen fast nur auf Felsvorsprüngen nieder. In den Dörfern und Städten werden als Sitzplätze Dächer und Drahtleitungen sowie — wenn auch recht selten — Bäume benutzt.

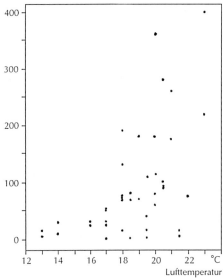

Abb. 8: Die Abhängigkeit der Größe der Mehlschwalbenschwärme von der Lufttemperatur, 5. bis 25. August in Savitaipale (Finnland). Die Beobachtungen sind im Dorf Kaihtula, in der Mitte des Untersuchungsgebietes gemacht worden. Nach LIND (1963).

5.4   Verhalten vor Gewittern

STRESEMANN (1918) konnte im August 1917 in Frankreich vom Ballon aus bei Wind-
stille und starker Bewölkung viele Mehlschwalben zwischen 400 und 600 m zum
Teil dicht unter der Wolkendecke nach Insekten jagend beobachten. Bei zunehmen-
der Gewitterneigung gingen die Mehlschwalben rasch tiefer, und einige stürzten
sich förmlich aus den Wolken herab. Auch VOIPIO (1970) und LIND (1962) schreiben,
daß Mehlschwalben lebhaft auf ein nahendes Gewitter reagieren, indem sie sich
sammeln und sehr hoch erheben, also gerade eine umgekehrte Verhaltensweise
zeigen. VOIPIO berichtet weiter, daß sich die Mehlschwalben bei lokalen Wirbelwin-
den ähnlich verhalten und somit das Wolkenbild als visueller Stimulus schwerlich
in Frage kommt. Da die Art ohnehin stärker auf Nutzung des Luftplanktons in
höheren Lagen als unsere anderen Schwalben eingestellt ist, so könnte nach VOIPIO
die Mehlschwalbe der mit der Warmluft aufsteigenden Insektenmenge folgen, was
bei STRESEMANN im umgekehrten Fall stattgefunden haben könnte.

5.5   Das Nestauffinden

Obwohl die Mehlschwalbe oft in großen Kolonien brütet und die Nester, von denen
sich manchmal Hunderte an einem Ort befinden, sich oft sehr ähnlich sind, wird
das eigene Nest stets mit großer Sicherheit angeflogen.

Über die Nahorientierung der Mehlschwalbe hat BÖHRINGER (1960) umfassende
Untersuchungen angestellt, die er bei Tieren durchführte, die in völliger Freiheit
lebten. BÖHRINGER ging bei seinen Untersuchungen von der Frage aus, »ob sich eine
Mehlschwalbe beim Anfliegen der Kolonie nach den besonderen Merkmalen des
eigenen Nestes orientiert, oder ob es der »Ort« ist, den sie anzufliegen lernt«.

An einer Kolonie mit künstlichen Mehlschwalbennestern konnte er folgende Orien-
tierungsweisen feststellen:

• Die Gestalt des eigenen Nestes und Besonderheiten in seiner Ausbildung (Diffe-
  renzierungen an der Einflugöffnung, auffallende weiße Kotspuren, Lage der Einflugöffnung, auch künstliche Nestmarken) werden als Anhaltspunkte für das
  Auffinden des eigenen Nestes herangezogen.

• Besonders ausgeprägte Marken am Koloniegebäude (Hausende, Scheunentor)
  leiten die Mehlschwalben zu dem Ort, an dem das eigene Nest liegt.

• Die Mehlschwalben besitzen die Fähigkeit, in einer Reihe von Nestern nach
  bestimmten Anzahlen zu wählen. Noch bis zum vierten Nest einer Reihe konnte
  eine Dressur festgestellt werden.

• Die Dressur auf einen bestimmten Ort (Nestplätze bzw. Nesteingang) erwies sich
  bei Veränderung der Nestlage (Verschiebung, Drehung) mitunter als so starr,
  daß der Anflug im Widerspruch zu den nunmehr gegebenen Sinneseindrücken
  erfolgte. Diese Erscheinung wird auf den Aufbau eines bis in Einzelheiten ge-
  henden räumlichen Erinnerungsbildes zurückgeführt.

• In gleiche Richtung weist die Beobachtung, daß das Nest zielsicher auch in den
  Fällen erreicht wird, in denen der Anflug einer Mehlschwalbe von der Rückseite
  des Gebäudes her als Sturzflug dicht über Dachschräge und Dachkante erfolgt.

Der Anflug zum Nest erfolgte meist nicht nach einem einzelnen Orientierungsprinzip, und in mehreren Fällen orientierten sich die Partner eines Paares auf verschiedene Weise.

5.6   Das Baden

Im »Neuen NAUMANN« (1901, Hrsg. HENNICKE) wird darüber folgendes ausgesagt: »Sie trinken und baden sich zwar auf ähnliche Art wie die Rauchschwalbe, allein man sieht es nicht nur selten von ihnen, sondern sie tauchen auch nie so tief ins Wasser wie jene«.

Das wahrscheinlich nur vorkommende Flugbaden bei der Mehlschwalbe wird in den letzten Jahren in der Literatur mehrfach beschrieben. So stießen nach HEITKAMP (1958) neben Mauerseglern und Rauchschwalben auch viele Mehlschwalben in immer niedriger werdenden Kurven auf die Wasserfläche zu. »Schließlich tauchten sie mit der Unterseite in das Wasser und wurden übersprüht. Die Flügel wurden dabei flatternd hochgehalten.« Auch MÄDLER (1964) schildert das Baden von Mehlschwalben. Bei seinen Beobachtungen geschah das Eintauchen »immer sehr plötzlich und blitzschnell im Tiefflug«. Dabei tauchten die Mehlschwalben mit Brust und Bauch ein und hielten die Flügel immer waagerecht über dem Wasser. Ähnliches berichten auch BAUER (1958) und MESTER (1957). Bei MESTER führten die Mehlschwalben anschließend einen »Trockenflug« durch, den er wie folgt schildert: »Nicht gleich zu deuten wußten wir eine auffallende Verhaltensweise, die sich an das Baden anschloß. Zunächst flog eine Schwalbe zu etwas größerer Höhe hinauf, ließ sich in sehr steilem Sturzflug vielleicht 10 oder 12mal tief fallen, fing sich ab, stieg rasch wieder höher und stieß gleich wieder hinab. Das trieb sie etwa 8 Minuten lang (!). Während des Fallenlassens mit gespreiztem Steuer schüttelte sie sich heftig und putzte auch mit dem Schnabel das Kleingefieder. Später schlossen sich die Artgenossen diesem Trockenflug an, um ihn nur zuweilen zu unterbrechen und zu baden«.

Das »Baden« der Mehlschwalben in einer Regenfront beschreibt WIDEMANN (1960). Eine Schwalbe, die nach BANNASCH (1966) beim Baden während des Fluges zu tief ins Wasser eingetaucht war, war plötzlich nicht mehr fähig, das Wasser zu verlassen. »Durch kräftiges Schlagen mit den Flügeln gelang es ihr, das mindestens 6 m entfernte Ufer zu erreichen. Entkräftet und durchnäßt und daher flugunfähig suchte sie im Brennesselgestrüpp Deckung«.

In einem Fall wird auch das Sonnenbaden, was schon bei zahlreichen anderen Vogelarten festgestellt und auch schon öfters beschrieben wurde, geschildert: In Luxemburg wurde Mitte September 1972, nachdem dort vorher naßkaltes Wetter herrschte, an drei Tagen während einer Schönwetterperiode das Sonnenbaden der Mehlschwalbe nachgewiesen. Auf einem Satteldach, welches mit dunkelgrauen Eternitplatten gedeckt war, hielten sich etwa 45 Rauch- und 20 Mehlschwalben auf. Die Tiere hielten die Flügel und den Schwanz leicht gespreizt und das Gefieder deutlich gesträubt, wobei eifrig geputzt wurde. »In den Pausen wurde der Kopf auffällig in den Nacken gelegt. Die Tiere rückten flügelflatternd mal nach oben, nach unten oder seitlich fort, hielten dabei aber deutlich auf eine gewisse Individualdistanz. Diese betrug minimal 25 cm. Das Sonnenbaden konnte ich täglich bis zum 18.9. einschließlich beobachten. Es begann jedesmal gegen 8.30 Uhr und dauerte etwa bis 10.30 Uhr. Danach blieb das Dach leer« (MELCHIOR 1973).

»Rauchbaden« der Mehlschwalben ist beim Verbrennen von Gartenabfällen beobachtet worden (PAULL 1968).

5.7 Heimfindevermögen

Verfrachtungsversuche brachten bei der Mehlschwalbe folgende Ergebnisse (RÜPPELL 1934): Es wurden sechs Mehlschwalben in der Nähe von Berlin 390 bis 550 km in Westrichtung verschickt und freigelassen. Bis zum Morgen des vierten Tages wurden drei (oder vier?) Exemplare wieder am Brutplatz beobachtet. Ende Juni verfrachtete RÜPPELL (1934) drei Mehlschwalben nach Nijmegen (Niederlande). Eine hatte die Entfernung von 510 km in zwei Tagen bis zu ihrem Brutort zurückgelegt. Bei einem weiteren Versuch (1936) kehrten von sechs in Gliwice (damals Gleiwitz) aufgelassenen Mehlschwalben vier bis fünf und von 14 nach London verschickten Exemplaren nur zwei oder drei an ihre Brutplätze in Norddeutschland zurück. Ihre durchschnittliche Reisegeschwindigkeit betrug etwa 400 km je Tag. Bei kaltem Wetter und Gegenwind war die Tagesleistung bedeutend niedriger, denn die Mehlschwalben legten am Tag nur etwa 150 km zurück. Hierbei ist zu berücksichtigen, daß die Versuchsexemplare nicht die ganze Zeit über mit Höchstgeschwindigkeit fliegen, das sie unterwegs Ernährungsflüge einschalten und nachts ruhen müssen.

Bei Verfrachtungsversuchen, die SCHÄFER (1939) durchführte, kam es zu ähnlichen Ergebnissen. In Mündershausen und Ellingerode bei Rotenburg/Fulda wurden am 22. 8. 37 vierundzwanzig Mehlschwalben gefangen und mehr als 500 km in östlicher Richtung in einen Ort der heutigen Wojedwodschaft Wrocław verschickt. Bereits am nächsten Tag konnte vormittags eine der verschickten Mehlschwalben wieder am Nest beobachtet werden.

6 Lebensraum Nahrung und Vergesellschaftung

6.1 Generelle Typisierung des Lebensraumes

Nach SCHNURRE (1921) sind die ursprünglichen Niststätten der Mehlschwalbe senkrechte Felswände. Auch in der Gegenwart existieren noch Kolonien an solchen natürlichen Brutplätzen. Die Mehlschwalbe ist in viel geringerem Maße Kulturfolger als die Rauchschwalbe, auch ist ihre Verbreitung sporadischer (VOOUS 1962). Trotzdem kommt in großen Städten die Mehlschwalbe häufiger vor als die Rauchschwalbe.

Ferner spielt die immer mehr fortschreitende Industrialisierung der Landwirtschaft eine nicht zu übersehende Rolle für die Bestandsentwicklung. Weiter benötigt die Mehlschwalbe nach OTTO (1974) »freie Jagdflächen für die Tage, an denen das Luftplankton wegen stürmischen und regnerischen Wetters selbst niedrig fliegt«. Ein nicht unbedeutender Faktor, auf den später noch eingegangen wird, ist auch die Entfernung des Neststandes zu größeren Gewässern.

An einigen Beispielen soll dargelegt werden, daß die Besiedlung in verschiedenen Gegenden nicht gleich ist. Im nordwestlichen England wurden nach BOULDIN (1968) in einem 1 400 km^2 großen Gebiet ländliche Bezirke bevorzugt, Ödländereien, Moor- und Heideland mit zu stark isolierten menschlichen Behausungen hingegen gemieden. Ähnliches berichten auch HULTEN & WASSENICH (1960/61) für Luxemburg. Hier kommt die Mehlschwalbe überall in menschlichen Siedlungen vor — am häufigsten in Bauernwirtschaften und in Wassernähe, dagegen weniger zahlreich in Städten. GEBHARDT & SUNKEL (1954) berichten, daß die Mehlschwalbe in Hessen aus den Städten fast ganz verschwunden ist. In der Schweiz wurden dagegen nach GLUTZ (1962) kleine Dörfer wie auch vegetationsarme Zentren größerer Städte besiedelt. Nach PLATH (Mskr.) haben sich besonders im letzten Jahrzehnt in Mecklenburg in am Rande oder außerhalb der Städte und Dörfer entstandenen Neubaugebieten und Industriekomplexen bevorzugt Mehlschwalben angesiedelt.

In Ostdeutschland reicht die Vertikalverbreitung im Erzgebirge nach HEYDER (1938) bis 1 050 m hoch. In der Westdeutschland wiesen HÖLZINGER et al. (1970) in Baden–Württemberg die höchstgelegenen Brutplätze in 1 280 m Höhe nach, und im westlichen HARZ reicht nach KNOLLE (1969) die Vertikalverbreitung bis 900 m hinauf. Nach AUSOBSKY (1961) befanden sich in Österreich am Großglockner unter dem Dachvorsprung des Kaiser–Franz–Josef–Hauses (2 450 m hoch) zehn Nester der Mehlschwalbe.

Ebenfalls im Großglocknergebiet fand HARMS (1977) am Parkhaus (2 369 m üNN) mehrere angeklebte Lehmklümpchen in einer Reihe, wie es für den Beginn eines Nestes typisch ist. Nach AUSOBSKY & MAZZUCCO (1964) kommt die Mehlschwalbe in den Niederen Tauern in 1 739 m und nach WISMATH (1971) in Reutte (Nordtirol) in 840 m Höhe vor. In Hochsölden, ebenfalls in Tirol, befinden sich in einer Meereshöhe von 2 080 m am Hotel Hochsölden im Ötztal unter dem Dach Nester der Mehlschwalbe (LÖHRL 1963). In den Schweizer Alpen brütet die Mehlschwalbe nach CORTI (1955) in einer Höhe bis zu 2 400 m. Der bisher höchstgelegene Brutort in diesem Land ist die Furkapaßhöhe mit 2 431 m (GLUTZ 1962). In der Hohen Tatra (Slowakische Republik) brüteten nach HELMSTAEDT (1961) in 900 m Höhe mitten im Fichtenwald oberhalb Tatranská Lomnica am Hotel etwa zehn Paare. Der höchstgelegene Brutplatz in diesem Gebirge befindet sich nach KLIMA (1959) 1 350 m üNN. In Frankreich beobachtete STÜBS (1961) die Mehlschwalbe mehrfach in Höhen zwischen 2 300 und 2 400 m, und in Südspanien reicht die Höhenverbreitung dieser Vogelart bis 2 600 m hinauf (FURRER 1963). Nach KORADI GAL (1958) brütet die Mehlschwalbe im Bihargebirge (Rumänien) bis 1 375 m üNN, und in Bulgarien beobachtete FLÖSSNER (1972) einen Vogel dieser Art über der Kammregion an der Banderischska–Porta bei 2 500 m jagend.

In Armenien brütet die Mehlschwalbe nach NICHT (1961) in Kolonien an Felsen zwischen 600 und 3 250 m üNN. Nach JOHANSEN (1955) kommen in Westsibirien im Altaigebirge besonders in höheren Lagen bis zu 2 200 m Kolonien von Mehlschwalben weitab von Siedlungen vor. NIETHAMMER (1967) begegnete der Art im Mai und Juni in Afghanistan zwischen 2 400 und 3 000 m hoch. In Tibet, wo die Mehlschwalbe ein ausgesprochener Gebirgsvogel ist, besiedelt sie nach MAUERSBERGER (1969) Fels-, Erd- und Lößwände noch in 4 600 m Höhe. Ebenso sind die Verhältnisse im Himalaja, denn hier geht diese Art weit über die Baumgrenze bis 4 500 m (VOOUS 1962) und in Sikkim sogar bis 5 000 m hinauf (ALI & RIPLEY 1972).

6.2   Ansiedlung und Ortstreue

Nach LIND (1964) sind Felsenbrutplätze in Finnland beständiger als die im Kulturland. »Der Wechsel an Gebäuden beruht wohl immer auf menschliche Störungen. Der Hang, am alten Brutplatz festzuhalten, ist auch hier unverkennbar«.

Nach LÖHRL & GUTSCHER (1968), BERTHOLD (1974) sowie HÖLZINGER (1969) hat der zunehmende Verkehr in den Dörfern zu einem Rückgang des Mehlschwalbenbestandes in vielen Ortschaften geführt.

Nach HUND & PRINZINGER (1978), die in Oberschwaben in einem etwa 200 km^2 großen ländlichen Gebiet Untersuchungen durchführten, brütet die Mehlschwalbe dort recht spärlich. Eine nennenswerte Population war zunächst in Riedhausen mit etwa 35 Brutpaaren. In elf Ortschaften mit genauen Zählungen erhöhte sich, nachdem der Bestand 71 Brutpaare umfaßte, in den danach angebrachten Kunstnestern die Populationen auf 245 Brutpaare (Abb. 9). Zum Teil wurden ähnliche erfolgreiche Bestandsvermehrungen durch das Anbringen von Kunstnestern nachgewiesen, z. B. von V. GUNTEN (1963), FRANKE (1969), HÖLZINGER (1969), LÖHRL & GUTSCHER (1969), RHEINWALD & GUTSCHER (1969) sowie KROYMANN & MATTES (1972). FRANKE (1969) steigerte in einer kleinen Ortschaft am Rande des Schwäbischen Waldes den Bestand der Mehlschwalbe von 19 natürlichen Schwalbennestern im Jahre 1958 durch Anbringen von annähernd 50 Kunstnestern auf etwa 50 Brutpaare. Der Anteil der besetzten künstlichen Nester nahm von Jahr zu Jahr zu und stieg von

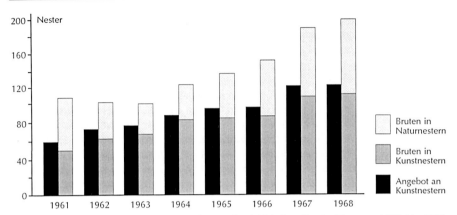

Abb. 9: Die Entwicklung der Brutpopulation der Mehlschwalbe in Riet von 1961 bis 1968. Nach RHEINWALD & GUTSCHER (1969).

15,6 % (1959) auf 87,5 % (1965). Ähnliche Erfahrungen machten auch RHEINWALD & GUTSCHER (1969) bei Stuttgart mit Kunstnestern. Hierbei spielt nach HUND & PRINZINGER (1978) die Meereshöhe eine offenbar untergeordnete Rolle.

Einmal gegründete Kolonien werden bisweilen sehr lange benutzt. So teilt HENZE (brfl.) mit, daß im Kreis Schwäbisch Hall an einer 1872 erbauten Scheune seit 1873 bis in die Gegenwart Mehlschwalben jährlich die Nester beziehen. Ähnliche Angaben machen STICHMANN–MARNY (1966) und HAMMER (1977). Hier wurden die Kolonien über 80 bzw. 60 Jahre benutzt.

Zur Ortstreue der Mehlschwalbe ist folgendes zu sagen: Nach HUND (1978) streunen die Jungen im ersten Frühling wesentlich weiter umher als die älteren. »Auch scheinen ♂♂ weniger herumzuzigeunern als die ♀♀«. Das Heimfindevermögen dieser Vogelart ist ganz enorm, wenn man bedenkt, wie weit das Winterquartier der Mehlschwalben entfernt ist. Innerhalb von Riet bei Stuttgart siedelten sich nach RHEINWALD & GUTSCHER (1969) keine Mehlschwalben in einer Entfernung von mehr als 300 m vom Geburtsnest an. Nach den publizierten Ringfunden europäischer Beringungsstationen und den Rückmeldungen der Vogelwarte Radolfzell erhielten die erwähnten Autoren genaue Angaben über nestjung beringte, in einer späteren Brutzeit in mehr als 1 km Entfernung vom Geburtsort wiedergefundene Mehlschwalben: Von insgesamt 62 Exemplaren hatten sich 37 (= 60 %) nur maximal 10 km, weitere 16 (= 26 %) mehr als 10 km bis höchstens 40 km entfernt; die übrigen 9 Mehlschwalben (= 14 %) wurden in einer Entfernung von mehr als 40 km bis zu 178 km festgestellt.

Nach Berechnungen von RHEINWALD & GUTSCHER (1969) ergab sich ferner, daß sich 99,4 % aller beringten europäischen Mehlschwalben innerhalb von 300 m vom Geburtsnest ansiedeln und im Durchschnitt 75 m von diesem entfernt zur Brut schreiten. HUND & PRINZINGER (1979), die die Ortstreue der Mehlschwalbe ebenfalls untersuchten, kamen zu dem Ergebnis, daß sich die ♂ im Durchschnitt 1 530 ± 1 930 m und die ♀ 3 200 m ± 2 270 m vom Geburtsnest ansiedeln (vgl. Abb. 10).

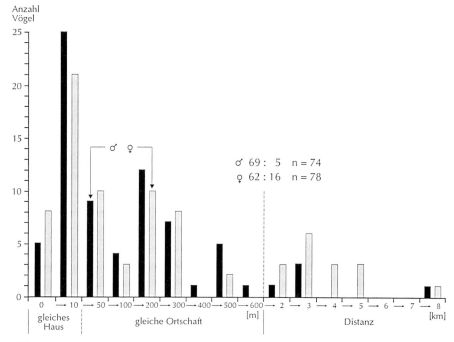

Abb. 10: Verteilung der Ansiedlungsentfernungen adulter Mehlschwalben, die bei Bruten in verschiedenen Jahren kontrolliert wurden. Entfernung 0 = gleiches Nest. Nach HUND & PRINZINGER (1979).

Die Jungen der Zweitbruten haben eine viel geringere Aussicht, den ersten Herbst oder Winter zu überleben, da sie nach v. GUNTEN (1963) nicht so häufig wie die Jungen der 1. Brut in die Geburtsnestnähe zurückkehren. Es besteht jedoch nach RHEINWALD & GUTSCHER auch die Möglichkeit, daß die Jungvögel aus Zweitbruten eine größere Verteilung haben als die früher geborenen Ex. — 202 Nachweise von Brutvögeln legen diese Schlußfolgerung jedenfalls nahe.

HUND & PRINZINGER (1979) zeigten, daß die frühgeborenen Schwalben sich in einer durchschnittlich geringeren Entfernung zum Geburtsnest angesiedelt haben als die im Jahr spät geborenen. Dieser Trend ließ sich allerdings nur bei den ♀ statistisch absichern (Abb. 11a, b). Brutvögel, die eine zweite Brut durchführten, benutzten nach RHEINWALD & GUTSCHER (1969) zu 96,4 % dasselbe Nest wie zur ersten Brut. Nach HUND & PRINZINGER (1979) benutzten 155 ♂ und 150 ♀ für die 1. und 2. Brut dasselbe Nest. 15 ♂ und 22 ♀ benutzten für die 2. Brut das Nachbarnest. Dasselbe Haus bzw. dieselbe Ortschaft benutzten für die 2. Brut 14 ♂ und 18 ♀ sowie 6 ♂ und 19 ♀. Ein ♂ und 10 ♀ tätigten ihre 2. Brut sogar in anderen Ortschaften. Die genannten Zahlen beziehen sich auf Vögel mit erfolgreicher Erstbrut. Das Verhalten ist jedoch bei beiden Geschlechtern hochsignifikant verschieden, wenn die Erstbrut mißlang. Ähnliche krasse Unterschiede erhält man, wenn die Ortstreue zwischen den beiden Jahresbruten von paartreuen Mehlschwalben untersucht wird. Die Störung des natürlichen Triebablaufs bei den fehlgeschlagenen Brutversuchen dürf-

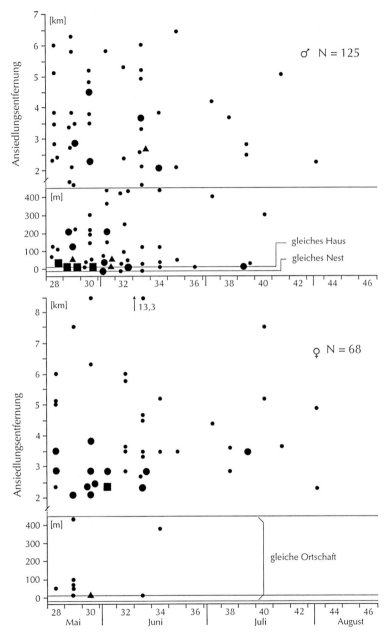

Abb. 11: Ansiedlungsentfernung nestjung beringter Mehlschwalben in Abhängigkeit vom Geburtsdatum. Abszisse: Zeit, unterteilt in Jahrespentaden, kleiner Kreis = 1 Ex., großer Kreis = 2 Ex., Dreieck = 3 Ex., Viereck = 4 Ex. Nach HUND & PRINZINGER (1979).

te für die geringere Paartreue verantwortlich sein (HUND 1980). Nach RHEINWALD & GUTSCHER (1969) sowie HUND & PRINZINGER (1979) blieb fast die Hälfte bzw. 46 % der Schwalben in den späteren Jahren kolonietreu.

Ohne die Gesamtgröße der Populationen zu ändern, fluktuieren nach BOULDIN (1968) in Nordwestengland die Größen der Einzelkolonien oft beträchtlich, und ein regelmäßiger Austausch von Brutpaaren zwischen den einzelnen Kolonien findet statt. Die Stärke der Fluktuationen scheint vom absoluten Alter der Kolonie abhängig zu sein, da alte Kolonien eine ruhigere und im wesentlichen positive Entwicklung zeigen. Nach SUNKEL et al. (1934) wurden am 9. September 19 Exemplare von Kassel nach dem 163 km SW gelegenen Ems gebracht. Die Mehlschwalben sind im gleichen Jahr nicht mehr kontrolliert worden. Im folgenden Sommer wurden vier Schwalben brütend am alten Platz angetroffen.

6.3   Gewässerbindung

LIND (1960) und BOULDIN (1968) untersuchten die Entfernung des Neststandes in Savitaipale (Finnland) und East Lancashire (Großbritannien) zu größeren Gewässern. Nach beiden Autoren spielen gemäß den Verhaltensweisen der Mehlschwalbe nur größere Gewässer eine Rolle, bei schlechtem Wetter durchaus auch kleinere Flüsse und Teiche. LIND berücksichtigte in Finnland nur Seen mit einer Größe von mehr als 0,5 km^2 und Flüsse von mindestens 5 m Breite.

In der Oberlausitz untersuchte ich ebenfalls die Entfernung der Kolonien zu den größeren Gewässern. Übereinstimmend kann nachgewiesen werden, daß sich in Finnland, Großbritannien und auch in der Oberlausitz die größte Anzahl aller Nester bzw. Kolonien nicht weiter als 500 m vom nächsten größeren Gewässer entfernt befindet. Nach BOULDIN (1968) lagen 66 % der Kolonien oder etwa 70 % der Nester umgerechnet nur 370 m von einem größeren Gewässer entfernt. In dem Gebiet der Oberlausitzer Teichlandschaft liegen die Verhältnisse etwas anders, denn hier befinden sich nach MICHALZ (mdl.) und dem Verfasser 94 % aller Nester in einer Entfernung von nur 400 m bis zum nächsten größeren Gewässer.

Wenn auch die Nähe des Ufergeländes beim Nestbau für die Mehlschwalbe eine nicht unwesentliche Rolle spielt, so haben die Gewässer für diese Vogelart noch eine andere Bedeutung. Sie erwärmen sich an heißen Tagen und kühlen bei Kälteperioden langsamer ab als die Luft. Sie wirken also in gewisser Hinsicht auf das nähere Umland temperaturdämpfend. An solchen Tagen kann man die Mehlschwalbe — obwohl sie nach LIND offenbar nur ungern über dem Wasserspiegel fliegt und es nur tut, wenn sie dazu gezwungen ist — dicht über der Wasseroberfläche fliegen sehen. Sie erbeuten dort die sich ebenfalls in der warmen Zone aufhaltenden Insekten.

6.4   Schlafplätze

Im allgemeinen nächtigen die jungen Mehlschwalben der ersten und zweiten Brut mit den Eltern zusammen in demselben Nest. Letztere tun dies (s. Abb. 12) auch

Abb. 12: Mehlschwalbenpaar übernachtet auf einem Nestanfang. Kurz zuvor waren die Schnäbel noch im Rückengefieder verborgen. Foto: R. und A. STIEFEL (aus STIEFEL 1979).

schon in halbfertigen Brutstätten (vgl. HALLER & HUBER 1937). Nach OLDFIELD übernachteten bei schlechtem Wetter im April in einem Mehlschwalbennest nicht weniger als 14 Exemplare (zit. bei SIMMONS 1952), und nach RUGE (1975) drängten sich während der Schwalbenkatastrophe im Oktober 1974 in den Nestern sogar bis zu 18 Vögel. Elf tote Mehlschwalben, im vertrockneten Zustand, wiesen HUND & PRINZINGER (1974) im Juli 1973 in einem Naturnest nach. Die Tiere sind sicher einer ähnlichen Katastrophe zum Opfer gefallen. Nach NIETHAMMER (1937) werden auch von ♂, die sich nach Fertigstellung des Nestes in weiteren Bauversuchen »Luft zu machen« scheinen, diese halbfertigen Nester als Schlafnester verwendet. Einen Einzelfall dürfte die Beobachtung von MATHER (1973) darstellen, der das Einfliegen einer Mehlschwalbe in die Niströhre einer Uferschwalbenkolonie zur Abendzeit feststellte, so daß eine Übernachtung angenommen wurde. Mehlschwalben, die nicht mehr in den Nestern übernachten, fliegen am Abend in großer Höhe in eine bestimmte Richtung, um kurz vor Einbruch der Dunkelheit im schnellen Flug in Nadel- oder Laubbäumen zum Übernachten einzufallen. Diese Schlafplätze werden oft einige Wochen benützt (LÖHRL & DORKA 1981, FALLY 1984 u. a.). Vor Sonnenaufgang verlassen die Mehlschwalben ihre Schlafplätze und steigen in große Höhen auf, was ein Übernachten in der Luft vortäuschen kann (RHEINWALD 1975b).

Während der Zugzeit und im Winterquartier wurden bisher folgende Übernachtungsplätze nachgewiesen. Nach V. GUNTEN (brfl.) übernachten die Mehlschwalben während des Zuges in der Schweiz in den Eisenkonstruktionen der großen Brükken, die »eine unbegrenzte Zahl an Schlafstellen« bieten. Ein beliebter Übernachtungsplatz seien auch die Mauersimse dicht unterhalb der Dächer an Burgen und

Schlössern sowie Telefonleitungen, Fensterbretter, Mauerlöcher und Maisfelder (HUND & PRINZINGER in GLUTZ & BAUER 1985).

Das Nächtigen der Mehlschwalben auf Bäumen, das während der Zugzeit festgestellt werden kann, wird von EFFERTZ in Miel bei Bonn seit Jahren verfolgt (RHEINWALD 1975b). Hier kommen die Mehlschwalben im September, wenn es spürbar kühler wird, »zu Tausenden zum Schlafen«. Dies wiederholt sich, wenn auch im geringeren Maße, auch auf dem Frühjahrszug. Von Übernachtungen im Wald während der Zugzeit berichten auch LYULEYEVA (1963) und HERBERIGS (1952), der beobachten konnte, wie ein Trupp ziehender Tiere zur Nachtruhe in eine Gruppe belaubter Eichen einfiel.

Während NIETHAMMER (1937) noch schreibt, daß im Gegensatz zur Rauchschwalbe die Mehlschwalbe nicht im Rohr übernachtet, berichtet v. VIETINGHOFF–RIESCH (1955), daß schon Friedrich NAUMANN und E. v. HOMEYER zu Beginn des vorigen Jahrhunderts die Massenübernachtung im Schilf und die Gesellschaftsbildung von verschiedenen Vogelarten, unter denen die Mehlschwalbe — wenn auch nur selten — ebenfalls zu finden war, bekannt waren. Nach JACOBY et al. (1970) wurde die Mehlschwalbe im Bodenseegebiet im Schilf noch nicht übernachtend festgestellt. Ebenso konnte RINGLEBEN (1936) keine Übernachtung dieser Vogelart im Rohr nachweisen. Nur zwei Fälle lagen BÄSECKE (1937) vor, in denen Mehlschwalben gemeinschaftlich im Schilf übernachteten. Nach einer Beobachtung von Albert, die er im September 1969 machte, übernachteten 2 000 bis 3 000 Exemplare im Naturschutzgebiet »Großer Koblentzer See« (SELLIN 1974). In Brandenburg sind Mehlschwalben während des Wegzuges an mehreren traditionellen Schlafplätzen im Schilf beobachtet worden (LITZBARSKI in RUTSCHKE 1987). Über 100 schlafende Mehlschwalben wies MÜLLER (1969) im Schilf eines 3 ha großen eutrophen Teiches nach. In der ehemaligen Sowjetunion übernachteten nach SOMOW bei Charkow Mehlschwalben gemeinsam mit Rauchschwalben nach dem Ausfliegen der Jungen der zweiten Brut in großer Zahl im Schilf (GROTE 1936). Auch suchten nach ZIMMER Tausende einen Schlafplatz im Schilf in Tansania auf (ZINK 1969). Auch nördlich des Tanganjika-Sees wurden im Februar 1952 nach CURRY–LINDAHL (1963) in Sumpfgebieten am Fluß Ruzizi bis zu etwa 1 000 Mehlschwalben im Schilf nächtigend festgestellt.

Mehlschwalben suchen ihre Schlafplätze etwa 15 Minuten früher auf als Rauchschwalben. Nach KAREILA (1961) beträgt die Dauer der Nachtruhe unter 60° n.Br. im Juni/Juli 5,5 Stunden. Fliegende und rufende Mehlschwalben in dunklen Nächten sogar nach Mitternacht, dürften ebenso als Ausnahme gelten, wie das Umfliegen von Straßenbeleuchtungen in der Nacht zum Fang von Insekten (ARDLEY 1949, RUGE 1974).

6.5 Nahrung und Nahrungserwerb

Da die Insektenwelt von Gegend zu Gegend große Unterschiede aufweist, unterliegt zwangsläufig auch das Nahrungsspektrum der Mehlschwalbe großen qualitativen Schwankungen. Ergebnisse über die Nahrungszusammensetzung haben daher nur für das jeweilige Brutgebiet Gültigkeit und können nicht verallgemeinert werden. Daß dies so ist, bewiesen die umfangreichen Arbeiten von V. GUNTEN (1961), der seine Untersuchungen in den Voralpen am Thunersee in der Schweiz durchgeführt hat, sowie die Veröffentlichung von KOŽENÁ (1975), die ihre Nahrungsanalysen im Norden der ehemaligen ČSSR vornahm (vgl. Tab. 4 und 5).

Tab. 4: Übersicht über die Beutetiergruppen und deren prozentualen Anteil an der Mehlschwalbennahrung. Nach V. GUNTEN (1961).

Beutetiergruppe	Anzahl der ermittelten Beutetiere	Anteil (%)
Fliegen (Brachycera)	23 550	24,2
Mücken (Nematocera)	20 650	21,2
Blattläuse (Aphidina)	32 246	33,1
Wasserinsekten (Ephemeridae, Plecoptera, Trichoptera)	7 906	8,1
Schnabelkerfe (Hemiptera)	7 040	7,2
Hautflügler (Hymenoptera)	2 514	2,6
Käfer (Coleoptera)	1 603	1,6
Netzflügler (Neuroptera)	105	0,1
Staubläuse (Psocoptera)	993	1,0
Schmetterlinge (Lepidoptera)	447	0,5
Blasenfüße (Thysanoptera)	14	< 0,1
Geradflügler (Orthoptera)	5	< 0,1
Spinnen (Araneae)	187	0,2
Ferner: Steinchen, Schneckenschalen)	101	0,1
Gesamtzahl	97 361	100,0

Tab. 5: Übersicht über die Beutetiergruppen und prozentualer Anteil an der Mehlschwalbennahrung. Nach KOŽENÁ (1975).

Beutetiergruppe	Anzahl der ermittelten Beutetiere	Anteil (%)
Gleichflügler (Homoptera)	2 069	57,3
Zweiflügler (Diptera)	1 151	31,9
Käfer (Coleoptera)	140	3,9
Hautflügler (Hymenoptera)	107	2,9
Steinfliegen (Plecoptera)	58	1,6
Spinnen (Araneae)	31	0,9
Staubläuse (Psocoptera)	21	0,6
Schmetterlinge (Lepidoptera)	12	0,3
Wanzen (Heteroptera)	10	0,3
Netzflügler (Neuroptera)	8	0,2
Unbestimmbare Insekten	5	0,1
Gesamtzahl	3 612	100,0

Nach V. GUNTEN (1961), der die Nahrungsproben in vier Jahren sammelte, treten auch erhebliche Quantitätsunterschiede innerhalb der erbeuteten Insektengruppen auf. Mit 80 % bilden die Fliegen, Mücken und Blattläuse den Hauptanteil der Nahrung. Etwa 10 % der Beutetiere sind Wasserinsekten und ebenso viele Schnabelkerfe und Hautflügler. Ähnliche Ergebnisse weist auch die Beuteliste von KOŽENÁ (1975) auf, hier bilden mit 89 % die Gleich- und Zweiflügler den Hauptanteil der Mehlschwalbennahrung.

Stacheltragende Hymenopteren konnte V. GUNTEN nicht nachweisen. Dagegen berichtet MÖNNIG (1972), daß die zu bestimmten Tageszeiten regelmäßig über seinen Bienenstand erscheinenden Mehlschwalben Bienen jagten. Dazu äußert allerdings GERBER (1974), daß nach LUDWIG die Mehlschwalben ausnahmslos die männlichen Bienen (Drohnen), die ja bekanntlich keinen Stachel besitzen, fingen. Nach V. GUNTEN (1961) enthält jeder 25. bis 50. Futterballen eine mineralische Beimischung oder ist ganz aus Mineralien — Steinchen, Schneckenschalen und Erde — zusammengesetzt (vgl. auch OESER 1966).

Die Mehlschwalben verstehen es ausgezeichnet, von Insekten dichter beflogene Orte in ihrem Brutgebiet ausfindig zu machen. Wir können sie deshalb beispielsweise ganz nahe über der Seeoberfläche jagen sehen, wenn gerade Hauptflugzeit der kleinen Köcherfliegen ist (V. GUNTEN 1961). Zu einer anderen Tageszeit jagen fast alle über den sonnenbeschienenen Hausdächern, weil sich dort in der warmen Luft große Scharen von geflügelten Blattläusen tummeln. In Ungarn reinigten nach GERBER (1953) einmal mehrere tausend Mehlschwalben ein großes Maisfeld in zwei Tagen von schwarzen Blattläusen. Oft jagen sie auch gruppenweise in großen Höhen den Insektenschwärmen nach.

Wenn die Mehlschwalben ihre Jungen füttern, kehren sie meist wieder an die gleiche insektenreiche Stelle zurück. Überwiegend wird der Angriff auf die vorüberfliegenden Insekten von unten her durchgeführt. Die Mehlschwalbe stößt dann mit schnellem Flügelschlag steil nach oben und fängt das fliegende Insekt. Sobald dies erfolgt ist, läßt sie sich meist wieder mit ausgebreiteten Flügeln etwa in ihre vorherige Flughöhe hinabgleiten. Nach V. GUNTEN (1962) wird das Insekt mit wohlgezieltem Schnabelhieb am Hinterleib oder am Brustteil gepackt, wie dies die Verletzungen an untersuchten Beutetieren bezeugen.

Nahrung, die die Mehlschwalbe für sich selbst fängt, wird wohl sofort verschluckt. Jagt der Altvogel aber für seine Jungen, »so sammelt er die gefangenen Insekten in seinem Kehlsack und bringt den Inhalt in Form eines mehr oder weniger festen und verfilzten Futterballens von Zeit zu Zeit den Jungen zum Nest. Langflüglige Insekten, wie Flugameisen, Eintagsfliegen und die größeren Schmetterlinge, werden oft büschelweise im Schnabel zum Nest getragen. Diese gefangenen Tiere hängen dann der Mehlschwalbe wie ein Schnurrbart zappelnd ums Gesicht« (V. GUNTEN 1962).

K. V. GUNTEN stellte bei seinen umfangreichen Untersuchungen auch fest, daß die Mehlschwalben von in der Luft fliegenden Insekten nicht wahllos alles fangen, was in ihrem Gesichtskreis auftaucht. Sie treffen eine ganz bestimmte Auswahl, wobei sie sich während einer Reihe von Jagdflügen bald auf größere, bald auf kleinere Beutetiere einstellen (V. GUNTEN & SCHWARZENBACH 1962). Verschmäht werden stacheltragende Hautflügler. Dagegen werden bei feuchter Witterung, wenn große

Futterknappheit herrscht, Libellen und großflüglige Schmetterlinge erbeutet. Von diesen Ausnahmen abgesehen, wird alles gefangen, was im Luftraum dahineilt, von der Uferfliege bis zu nur 1,1 mm langen Mücken.

Nach GATTER (1976) fliegen und jagen Mehlschwalben, die oft mit Rauchschwalben vergesellschaftet sind, in der Vertikalen weit auseinandergezogen über den Rauch-schwalben, die sich auf die untere Schwarmschicht beschränken. Die Mehlschwalbe ist nach VOIPIO (1970) auf die Nutzung des Luftplanktons in höheren Lagen mehr eingestellt als unsere anderen Schwalben, und so kann sie den mit der Warmluft aufsteigenden Insekten folgen. CORTI (1959) sah am 7. 6. 1958 in den österreichi-schen Alpen etwa 3 km unterhalb des Pöckenpasses drei Alpensegler (*Apus melba*) in Gesellschaft von etwa 50 Mehlschwalben bei einsetzendem Regen rund 200 m über dem Talboden fliegend. Im Tessin fand CORTI (zit. bei v. VIETINGHOFF–RIESCH 1955) an der Maggia–Mündung Rauchschwalben, Uferschwalben und Trauersee-schwalben (*Chlidonias niger*) in Gesellschaft von Mehlschwalben jagend. Auf der Suche nach Luftplankton legen die Mehlschwalben täglich mehrere hundert Kilo-meter zurück (HUND 1978).

Über das Jagen der Mehlschwalben über großen Seen wird in der Literatur unter-schiedlich berichtet. So schreibt z. B. KOENIG (1952), daß neben der Rauch- und Uferschwalbe auch Mehlschwalben oft in großen Scharen über den Rohrwäldern des Neusiedlersees jagen, vor allem an warmen Sommerabenden, wenn die Mük-ken schwärmen. Bei großem Nahrungsangebot kommt es jedoch vor, daß z. B. HALLMANN im August 1976 1 200 Mehlschwalben über dem Kiesgrubensee Büsch-dorf bei Halle jagten (GNIELKA & SPRETKE 1982). Vom Bodenseegebiet berichten JACOBY et al. (1970) hingegen, daß die Mehlschwalben dort viel seltener als die beiden anderen Schwalbenarten über Wasser und Ried jagen.

Wenn auch die Mehlschwalbe ihre Nahrung fast ausschließlich aus der Luft erbeu-tet, so kommt es doch mitunter vor, daß sie an Felswänden oder Mauern sowie nach GLUTZ (1962) auch am Röhricht von Seen und Teichen Nahrung aufnimmt. Auch über die Nahrungsaufnahme, wenn sie von Bäumen erfolgt, wird in der Literatur mehrfach berichtet. So beobachtete HARVEY (1973) in Großbritannien Mehlschwalben, die Tannen anflogen und vermutlich von den äußeren Zweigen Nahrung aufnahmen (weitere Beobachtungen s. dort). Nach PASZKOWSKI (1969) wurden während der Schlechtwetterperiode im Kreis Gifhorn (Niedersachsen) von den Rauch- und Mehlschwalben, die während dieser Zeit nach Nahrung im Tief-flug über die Straße flogen, auch der durch den Eichenwickler fast völlig kahlge-fressene Eichenwald mit aufgesucht. Hier nahmen die Schwalben die an Spinnfä-den hängenden Raupen aus der Luft auf. Einmal setzte sich auch eine Mehl-schwalbe auf einen Ast und las alle Eichenwicklerraupen in ihrer Umgebung auf. Aus der Schweiz wird ebenfalls berichtet, daß Mehlschwalben ihre Nahrung von Bäumen erbeutet hätten (GLUTZ 1962).

Auch vom Boden nimmt die Mehlschwalbe Nahrung auf. So sah MÖHRING (1958) auf einem Rübenfeld 80 bis 100 Schwalben, wovon 30–40 % Mehlschwalben waren. Sie sammelten auf dem Boden Strahlenmücken (*Dilophus vulgaris*). Die Nah-rungsaufnahme vom Boden führte er in diesem Fall auf das schlechte Wetter zu-rück. In der Oberlausitz beobachtete SCHULZE (1971) im Zeitraum, in dem die Fischzuchtteiche abgelassen werden und auch vorübergehend leer bleiben, daß Hunderte von Rauch-, Ufer- und Mehlschwalben trippelnd vom Boden Nahrung aufnahmen. Weitere Berichte über die Nahrungsaufnahme der Schwalben am Boden liegen aus der Schweiz (HERTIG 1959) und aus Großbritannien (SIMMONS 1952) vor. Nach OESER (1966) hielten sich Rauch- und Mehlschwalben auf einer Stein- und Schutthalde auf einer 1,5 m² großen, glattgetretenen, horizontalen, trockenen Stelle von Schutt und Brikettasche auf. Hier liegt die Vermutung nahe, daß Schutteilchen aufgenommen und verschlungen wurden; denn als Nistmaterial kommen sie nicht in Frage, und auch Nahrung war an dieser Stelle nicht festzustellen. In Ungarn war nach SCHMIDT (1966/67) unter einem Schwarm Schwalben, die einem pflügenden Traktor folgten, um Nahrung zu erbeuten, auch eine Mehlschwalbe dabei.

Beim Nahrungserwerb können die Jungen bereits sehr zeitig den alten Mehlschwalben zu den Futtergründen folgen; denn 15 Junge wurden zwei bis drei Wochen nach der Beringung 3 km entfernt vom Brutplatz im Nahrungsrevier der Alten kontrolliert (STREMKE & STREMKE 1980).

Zum Schluß dieses Abschnittes noch einige Zahlenangaben über die von der Mehlschwalbe erbeuteten Tiere. Nach GERBER (1953) befanden sich in einem Magen der Mehlschwalbe 306 Mücken und Erdschnaken, in einem zweiten 202 Kleinkäfer und Zweiflügler, in einem dritten 119 kleine Samenkäfer und verschiedene Zweiflügler, im vierten 380 Samenkäfer und eine unbestimmbare Anzahl Fliegen und Schnaken. Futterballen von 618 Fütterungen enthielten nach V. GUNTEN & SCHWARZENBACH (1962) im Durchschnitt 56,6 Insekten. Die Anzahl der im Futterballen enthaltenen Insekten lag zwischen 1 und 388 Exemplaren.

Wie schon beschrieben, unterscheiden wir nach V. GUNTEN & SCHWARZENBACH (1962) eine Normal- und eine Schnellfütterung. Bei der Schnellfütterung werden überwiegend nur größere Insekten gefüttert, was auch die beiden Durchschnittswerte der Fütterungsarten beweisen: Bei der Normalfütterung ergaben 34 Futterballen einen Durchschnitt von 108,5 Insekten (durchschnittliche Gewicht des Futterballens = 0,21 g), wogegen die Schnellfütterung — hier wurden 31 Futterballen ausgewertet — einen Durchschnitt von nur 6,2 Exemplaren brachte (durchschnittliches Gewicht des Futterballens = 0,12 g).

6.6   Siedlungsdichte und Bestandsschwankungen

Nach NIETHAMMER et al. (1964) zählt die Mehlschwalbe zu unseren häufigsten Brutvögeln, die regional mitunter aber auch spärlich vorkommt. Die Siedlungsdichte scheint jährlich in größerem Ausmaß zu schwanken, was vor allen Dingen nach großen Zugkatastrophen der Fall ist.

Nach großräumigen Schätzungen liegt der Bestand in Westdeutschland zwischen 700 000 und 1 400 000 (RHEINWALD 1982). 3 500–4 000 Paare wurden in Westberlin nachgewiesen (OAB (W) 1984). In Ostdeutschland dürfte der Gesamtbestand in Mecklenburg bei 70 000 Brutpaaren liegen (PLATH in KLAFS & STÜBS 1987). Für Brandenburg und Thüringen wird die Anzahl der Brutpaare mit 10 000 bis 100 000 angegeben (MÖNKE et al. in RUTSCHKE 1987, HEISSIG & HEYER in v. KNORRE 1986). Für die Niederlande gibt TEIXEIRA (1979) etwa 77 000 Brutpaare an. In Finnland beträgt der Bestand der Mehlschwalbe etwa 120 000 (MERIKALLIO 1958) und in Schweden nicht mehr als 150 000 Brutpaare (FRYCKLUND 1984). Etwa 34 000 Brutpaare kommen in Belgien (LIPPENS & WILLE 1972) und 15 000 in Luxemburg vor (WASSENICH 1971).

Abb. 13: Felsennester (hier in der Schweiz) befinden sich nur an Stellen, wo die Oberfläche des Steines frei von aller Vegetation ist. Foto: R. HAURI (aus HAURI 1978).

Die Mehlschwalbe ist überwiegend Kolonienbrüter, wobei die Zahl der Nester recht unterschiedlich sein kann. An den Felswänden, die ursprünglich nur als Neststandorte in Frage kamen (Abb. 13), wurden z. B. nach CREUTZ (1961) am Rande der Sächsischen Schweiz drei Nester, die eine kleine Kolonie bildeten, gefunden. An den Sandsteinfelsen von Helgoland wies VAUK (1973) 1972 ebenfalls eine kleine Kolonie, aus sechs Nestern bestehend, nach. Im Küstenabschnitt Saßnitz–Stubbenkammer befanden sich nach ROBIEN (1931) 302, nach CREUTZ (1961) im Jahre 1949 750 und nach PLATH (1977) im Jahre 1975 734 Nester an den Kreidefelsen. Ebenso waren am Küstenabschnitt Vitt–Arkona nach ROBIEN (1931) 125 und nach PLATH (in KLAFS & STÜBS 1987) im Jahre 1983 347 Nester vorhanden. Eine größere Kolonie an Felswänden, wie sie 1860 z. B. MICHEL am Marienberg bei Aussig (Usti) fand, bestand aus »mehreren Hundert Nestern« (MÄRZ 1957). Wohl die größte Felsenkolonie wiesen DELLA PONTE & GAROFALO 1877 auf Sizilien am Fluß Ermineo bei Modica nach, denn sie gaben die Größe der Kolonie mit 3 000 bis 4 000 Nestern an (GIGLIOLI 1891). Ähnlich wie bei den Felsenkolonien verhält es sich auch bei den Brutstätten an Gebäuden, Brücken u. ä. Einmal fand ich ein einzelnstehendes Nest an einer Autogarage. Eine kleine Kolonie befand sich etwa 200 m von diesem Einzelnest entfernt. Auch nach LIND (1963) ist das Einzelnisten der Mehlschwalbe in Finnland

Abb. 14: Häuser unmittelbar am Stausee Quitzdorf, unter deren Dachvorsprüngen sich 1979 266 Nester der Mehlschwalbe befanden. Foto: H. MENZEL.

Abb. 15: Teilansicht der unter einer Durchfahrt in Groß Särchen befindlichen Kolonie. Foto: R. SCHIPKE.

keine Seltenheit, und Einzelnester sind auch nach LÖHRL (brfl.) in den Dörfern Baden Württembergs allgemein verbreitet.

Größere Kolonien gibt es in Ostdeutschland u. a. in der Oberlausitz an einem Häuserkomplex am Stausee Quitzdorf in Sproitz (Abb. 14), wo ich 1979 266 Nester zählen konnte. Die Kolonie in Groß Särchen, die sich an den Balkendecken von zwei Durchfahrten befindet (Abb. 15) weist jährlich im Durchschnitt eine Stärke von etwa 180 Brutpaaren auf. In Frankreich fand VAN DE BRINK (1952) im Departement Châlonsur-Saône an einem Haus eine Kolonie von 181 Brutpaaren, und MAUERSBERGER (1969) erwähnt eine Kolonie von mindestens 500 Nestern an einem Verwaltungsgebäude der bulgarischen Stadt Sliwen.

Eine ebenso große Kolonie in Bulgarien befindet sich nach HÜBNER (1975) am Tschirakman an der Südseite des Mühlengebäudes. Hier standen »einige hundert Nester« in mehreren Schichten unter der Dachkante angeordnet (Abb. 16). In Georgien zählte SCHMIDT (1986) an einer Kathedrale etwa 450 Nester. In Finale Ligure (Italien) wies BRUNS (1959) eine Brutkolonie an der Basilika mit über 200 Nestern nach. Eine oft in der Literatur erwähnte Kolonie fand RÜPPELL (1944) in Charkow auf dem Roten Platz am »Haus der staatlichen Industrie«. Diese Kolonie bestand aus 1 800 Nestern.

Abb. 16: Kolonie in mehreren Etagen an einem Mühlengebäude in Kawarna, NE–Bulgarien. Foto: G. HÜBNER (aus HÜBNER 1975).

Über die Siedlungsdichte der Mehlschwalbe wurde in der letzten Zeit oft berichtet. Hier sollen nur einige Beispiele herausgegriffen werden, weitere sind in der Tabelle 6 zusammengefaßt: BOULDIN (1968), der von 1958–1967 in Nordwestengland ein 133 200 ha großes Gebiet betreffs Siedlungsdichte der Mehlschwalbe untersuchte, kam jährlich auf durchschnittlich 570 Kolonien mit 4,7 Nestern pro Kolonie. Das entspricht 2 Brutpaaren pro km^2 oder — unter Ausschluß der nicht verwendbaren Bereiche — etwa 3 Brutpaaren je km^2.

Tab. 6: Siedlungsdichteuntersuchungen bei der Mehlschwalbe. BP = Brutpaar.

Untersuchte Fläche	Jahr	Anzahl BP	Abundanz (BP/10 ha)	Domi- nanz (%)	Autor
Industrie-, Lagerbezirke der Stadt Rostock	1975	22	8,3	46,2	PLATH (1975a)
Chemnitz–Ebersdorf	1972	22	7,7	7,3	SAEMANN (1973)
Hoyerswerda–Neustadt	1971	17	0,6	1,2	KRÜGER (1973)
Rostock Lütten Klein WK I	1976	28	5,0	?	PLATH (Mskr.)
Rostock–Evershagen	1976	180	18,6	?	PLATH (Mskr.)
Rostock–Südstadt	1976	44	4,8	?	PLATZ (Mskr)
Lohsa, Kr. Hoyerswerda	1979	32	2,1	?	MENZEL & MICHALZ (unpub.)

Wie schon erwähnt sind die Bestände der Mehlschwalbe großen Schwankungen unterworfen. So schreibt RHEINWALD (1973/74) über eine Population folgendes: »1962 war ein schlechtes Brutjahr, und in den folgenden zwei Jahren nahmen die Bestände ständig ab. Nach 1964 kam es zu einem rapiden Aufschwung der Population, ja sogar zu einer Verdoppelung bis zum Mai 1969. Der Schlechtwettereinbruch im Juni 1969 führte zu einer starken Dezimierung des Brutvogelbestandes, vernichtete die gesamte Erstbrut und führte zu einer verminderten Zweitbrut. In den Jahren 1970 und 1971 war der Bestand ebenfalls sehr gering. Eine Zunahme erfolgte erst wieder 1972«. Auch ERNST & THOSS (1975) wiesen in 55 Ortschaften und Ortsteilen des Vogtlandes große Unterschiede des Brutbestandes nach. So zählten sie 1970 166, 1971 379 und 1972 601 Brutpaare. Im Kreis Auerbach ermittelte die Fachgruppe Falkenstein nach SAEMANN (1973) folgende Brutergebnisse:

1970 = 133 Brutpaare in 17 Ortschaften (22 Orte ohne Mehlschwalben)
1971 = 296 Brutpaare in 21 Ortschaften (17 Orte ohne Mehlschwalben)
1972 = 442 Brutpaare in 22 Ortschaften (12 Orte ohne Mehlschwalben)

In dem 480 km^2 großen Gebiet von Westberlin brüteten nach LENZ et al. (1972) im Jahre 1969 932 und 1971 1 233 Paare. In Oberschwaben im Dorf Riedhausen brüteten nach HUND (1976) bis einschließlich 1969 bis zu 60 Paare. Danach ist der Bestand der Mehlschwalben stark zurückgegangen, denn trotz der Anbringung von Kunstnestern ab 1971 brüteten bis 1975 jährlich im Durchschnitt nur etwa 43 Paare. Ganz anders sieht es nach HUND & PRINZINGER (1978) in den Kreisen Sigmaringen und Ravensburg aus, denn hier konnte in elf genau untersuchten Ortschaften der Brutbestand von 71 Paaren in den Jahren vor dem Anbringen der Kunstnester bis 1978 auf 245 Paare erhöht werden. Auf der Insel Helgoland hat sich nach VAUK (1972, 1973) der Bestand der Mehlschwalbe ebenfalls erhöht. Es wurden 1935 und 1936 je zwei, 1943 ein und seit 1958 zwei bis vier Brutpaare nachgewiesen. Im Jahre 1972 hatte sich der Bestand auf mindestens 14 Brutpaare erhöht.

Von einer plötzlichen kurzfristigen Erhöhung des Brutbestandes berichtet auch TRATZ (1911). Bis 1909 waren in Innsbruck und Umgebung nur wenige Mehlschwalben zu beobachten. Im Jahre 1910 waren im Frühjahr plötzlich viele anwesend. In und beim Dorfe Amras wurden 79 besetzte Nester festgestellt. Im folgenden Jahr waren, wie früher, wieder nur drei Nester besetzt.

Trotz der obigen Angaben, bei denen durch die Anbringung von Nisthilfen die
Bestände teilweise erhöht werden konnten, nimmt nach LÖHRL & GUTSCHER (1968)
die Abnahme der Mehlschwalbe in vielen Dörfern bedrohliche Ausmaße an. Es gibt
schon Dörfer, in denen keine Mehlschwalben mehr brüten. So hat es z. B. nach
CZERLINSKY (1966) im nördlichen Vogtland den Anschein, als sei die Mehlschwalbe
in den letzten Jahren seltener geworden. In Bopfingen (Württemberg) zählte HEER
(1976) im Jahr 1967 90 Nester und 1972 nur noch 22. Auch in Luxemburg hat nach
HULTEN & WASSENICH (1960/61) die Mehlschwalbe in den letzten Jahren offensichtlich stark abgenommen. Nach einer Rundfrage, die 1939 in Finnland durchgeführt
wurde, ist die Abnahme der Mehlschwalbe durch den Haussperling (*Passer domesticus*) verursacht worden (LIND 1962). In etwa zehn Fällen wurde sogar angegeben,
daß der Haussperling den Mehlschwalbenbestand ganz vernichtet hatte (vgl. hierzu
auch Abschnitt »Nestparasitismus«).

6.7   Häufigkeitsvergleich mit der Rauchschwalbe

In Tabelle 7 ist das Häufigkeitsverhältnis Rauchschwalbe : Mehlschwalbe zusam-
menfassend dargestellt. Daneben existieren aber auch Mitteilungen, die das Häufigkeitsverhältnis zwischen beiden Arten nur pauschal zum Ausdruck bringen. So
waren in Solingen–Ohligs (NRW) von 1966 bis 1968 nach BEENEN (1970) etwa dop-
pelt soviel Rauch- wie Mehlschwalben. GNIELKA (1974) schreibt, daß im Kreis Eisleben die Mehlschwalbe nicht so häufig wie die Rauchschwalbe sei, und ebenso
verhält es sich nach KAISER (1961) im Kreis Doberan. In der ungarischen Stadt
Szeged beträgt das Häufigkeitsverhältnis Mehlschwalbe : Rauchschwalbe gleich
1 550 : 150 Brutpaare (LASZLONE 1980), was eine extreme Ausnahme sein dürfte.

Tab. 7: Häufigkeit von Rauch- und Mehlschwalbe in verschiedenen Gebieten Ost- und Westdeutschlands.

Ort/Gebiet	Rauch- : Mehlschwalbe	Autor
Ostdeutschland		
Dorf in Thüringen	3,46 : 1	SCHLEI (1975)
Biehla, Kr. Kamenz	2,59 : 1	MELDE (1971)
Kreis Waren/Müritz	1,07 : 1	KRÄGENOW (1969)
Kreis Luckau NL.	1 : 1,27	ILLIG (1976)
Westdeutschland		
Baden–Württemberg	1,70 : 1	HÖLZINGER et al. (1970)
Peiner Gebiet	1,40 : 1	OELKE (1962)
Peiner Gebiet	1,23 : 1	SCHIERER (1968)
Ulmer Raum	1,70 : 1	HÖLZINGER et al. (1969)
Haarstrang/NRW	1,72 : 1	PÜTTMANN (1973)
Raum Wachtendonk	1,59 : 1	THIER (1973)
Hochfläche der Südalb	1 : 1,50	KROYMANN & MATTES (1972)
Wörth/Donau	1 : 1,53	SCHWEIGER et al. (1974)
Bopfingen/Schwaben	1 : 3,74	HEER (1980)

7 Zum Brutgeschehen

7.1 Ankunft im Brutgebiet

Nach NIETHAMMER et al. (1964) erfolgt der Heimzug der mitteleuropäischen Populationen im April und Anfang Mai. Die Ankunft zieht sich nach SCHUSTER (1953) »über mehrere Wochen hin«. Dabei treffen nach LINLEYEVA (1967) die seit 2 bis 5 Jahren in der Brutkolonie Beheimateten früher ein als die Vorjahrsvögel. Nach SLIWINSKY (1938) legt die Mehlschwalbe während ihres Heimzuges in Deutschland in fünf Tagen 100 bis 150 km zurück.

Tab. 8: Durchschnittliche Erstankunftsdaten der Mehlschwalbe in einigen Gebieten Ost- und Westdeutschlands.

Ort (Autor)	Anz. Beob.-jahre	Ankunft ⌀	früheste	späteste	Amplitude (Tage)
Ostdeutschland					
Seebach, Kr. Mühlhausen (MANSFELD 1964)	13	28. 4.	14. 4.	8. 5.	24
Mittelerzgebirge (HOLUPIREK 1970)	8	29. 4.	20. 4.	3. 5.	13
Mecklenburg (KAISER 1974)	15	28. 4.	12. 4.	11. 5.	29
Neubrandenburg (BEITZ 1973)	17	30. 4.	8. 4.	9. 5.	31
Müritzsee (DEPPE 1965)	~ 20	29. 4.	15. 4.	9. 5.	24
Westdeutschland					
Raum Bedburg-Erft (KEES 1966)	6	6. 5.	25. 4.	12. 5.	17
Undingen, Südwürtt. (FISCHER 1953)	28	12. 4.	1. 4.	18. 4.	17
Kr. Segeberg, Holstein (SAGER 1958)	10	27. 4.	20. 4.	2. 5.	15
Schaumburg-Lippe (v. TOLL 1962)	3	11. 4.	26. 3.	28. 4.	33
Hamburg (BRUNS 1961)	9	27. 4.	20. 4.	2. 5.	12
Kr. Reutlingen, Württ. (FISCHER 1963)	9	13. 4.	1. 4.	27. 4.	26

Von den in der Tabelle 8 aufgeführten Orten können wir die mittlere, die früheste und die späteste Erstankunft entnehmen. Außerdem wird jeweils die Amplitude angegeben, die sich von 12 bis 33 Tage erstreckt.

Weitere Angaben über Erstankünfte betreffen den Bezirk Chemnitz, wo nach SAEMANN (1976) die Hauptmasse Anfang bis Mitte Mai eintrifft. Aus diesem Gebiet liegen nur 11 Aprildaten ab 15. 4. vor. In Sachsen trifft die Mehlschwalbe in der Regel Ende April und Anfang Mai ein (HEYDER 1952). Im Kreis Eisleben kehrt nach GNIELKA (1974) das Gros der Population im Mai an die Brutplätze zurück. Das früheste Datum, den 6. 4. 1968, ermittelte nach GNIELKA (1974) STARKE, und das späteste für diesen Kreis, den 5. 5., stellte KÜHLHORN (1938) fest. Im Bodenseegebiet treffen nach JACOBY et al. (1970) die Mehlschwalben in der 2. Aprilhälfte oder Anfang Mai ein. In Hessen kehren nach GEBHARDT & SUNKEL (1954) die Mehlschwalben Ende April oder Anfang Mai an die Brutorte zurück. Schwache Vortrupps sind in manchen Jahren schon um die Mitte des April da.

Nachfolgend seien noch die mittleren Ankunftsdaten in einigen europäischen Ländern aufgeführt. Nach MAKATSCH (1950) sah STEINFATT in Griechenland die ersten Mehlschwalben 1944 schon am 29. 2., wogegen sie MAKATSCH in Saloniki 1940 und 1944 erst am 28. 3. bzw. 3. 4. nachweisen konnte. In Ungarn trifft diese Vogelart nach KEVE (1960) im März in den rumänischen Karpaten, im ersten sowie zweiten Aprildrittel ein (MUNTEANU & MATIES 1980). Die früheste Beobachtung in der Schweiz machte nach GLUTZ (1962) TRÜSS am 16. 3. 1958 bei Les Grangettes. Im allgemeinen treffen die ersten Mehlschwalben aber erst im letzten Märzdrittel, meist sogar erst Anfang April in diesem Land ein. Die Ankunft der meisten Exemplare erfolgt zwischen Mitte April und Mitte Mai. Für die ehemalige ČSSR gibt BEKLOVA (1975) den 22. 4. als mittleres Ankunftsdatum an. In Luxemburg wurde nach HULTEN & WASSENICH (1960/61) in einer Zeitspanne von 30 Jahren der 13. 4. als durchschnittliches Ankunftsdatum ermittelt. In Estland ist das mittlere Ankunftsdatum nach THOMSON (1959) der 19. Mai.

Die Ankunft der Population dürfte sich, wie bei der Rauchschwalbe, über 4 bis 6 Wochen hinziehen. So berichtet auch BRUDERER (1979), daß der Frühlingsdurchzug sicher bis Ende Mai, vermutlich aber bis in den Juni hinein dauert. Auf der Kurischen Nehrung werden nach LYULEYEVA (1973) in der ersten Junidekade noch extreme Massenzugtage festgestellt.

7.2   Wahl des Nestplatzes

Für den Bau ihres Nestes benötigt die Mehlschwalbe eine senkrechte Wand, die von oben überdacht ist, wie z. B. Felsenvorsprünge, Dachsimse oder Fensternischen. Wenn die Möglichkeit vorhanden ist, werden vorjährige Nester besetzt. Gründe für die »Beliebtheit« alter Nester oder Nestplätze dürften nach LIND (1960) vorwiegend das Vorhandensein eines Nachtquartiers im Nest gleich nach dem Frühjahrszug und die Ersparnis von Zeit beim Nestbau sein. LIND hat auch Fälle beobachtet, »wo die Mehlschwalben gezwungen waren, nach einem neuen Nestplatz zu suchen und intakte, vorjährige Nester aufzugeben, wahrscheinlich weil diese zu sehr von Ungeziefer verseucht waren«. Ehe sich die Mehlschwalben zum endgültigen Nisten niederlassen, wird der fragliche Platz oftmals besucht (Abb. 17). Nach VÄLIKANGAS (1953) geschieht dies anfangs kurz und unregelmäßig. Später werden alte Nester angeflogen, die dann ausgebessert werden, oder es wird mit dem Bau eines neuen Nestes begonnen. Nach LIND fliegen die Mehlschwalben vor dem Nestbau von Haus zu Haus und suchen nach passenden Nestplätzen. »An jedem Haus fangen sie an, lauter zu rufen und stoßen öfters den Fluglaut tritri aus sowie kreisen eine Zeitlang über den Gebäuden. Allmählich lassen sie sich tiefer herab und fliegen zwischen den Gebäuden umher, wobei sie manchmal unter der Dachtraufe abschwenken und im Rüttelflug am Giebel stehen bleiben«.

Abb. 17: Ein Paar hält sich längere Zeit an dem vorgesehenen Brutplatz auf. Foto: H. MENZEL.

Finden sie einen passenden Nestplatz, führt das ♂ die Nestplatzzeremonie aus — die aber vorher an vielen verschiedenen Gebäuden durchgeführt werden kann —, und das Paar hält sich immer länger an dem vorgesehenen Brutplatz auf. Die Handlungsweise bei der Nestplatzwahl ist bei der Mehlschwalbe mit zahlreichen anderen Vorgängen verbunden, wobei die vom ♂ gezeigten Nestplätze vom ♀ abgewiesen oder angenommen werden. LIND stellt die Handlungskette schematisiert folgendermaßen dar: ♂ untersucht mehrere Nestplätze — wählt einige von diesen aus — trifft ♀ im Flug — führt ♀ im Flug — fliegt zur Wand — Lockruf — ♀ fliegt an die Wand neben ♂ — ♂ singt — beiderseitiges Picken — ♀ fliegt weg — ♂ fliegt weg.

Nach Beobachtungen von LIND führt die Mehlschwalbe gelegentlich die Zeremonie der Nestplatzwahl an fremden Brutplätzen durch, »obwohl ihr eigenes Nest bereits im Bau oder sogar schon fertig ist«. In einigen Fällen konnte ich beobachten, daß angefangene Nester von der Mehlschwalbe ohne ersichtlichen Grund wieder verlassen wurden.

7.3　Paarbildung und Begattung

Nach LIND (1960) scheint bei der Mehlschwalbe die Paarbildung »mit vielen anderen Handlungen, wie der Revierbildung, der Nestplatzwahl und den Anfangsstadien des Nestbaus, verknüpft zu sein, und in vielen Situationen läßt sich schwer, ja sogar unmöglich sagen, welche von diesen Handlungen jeweils in Frage steht«.

Mit großer Sicherheit lassen sich bei Beginn des Nestbaus die verpaarten und unverpaarten Mehlschwalben unterscheiden. Wenn sie aber erstmals ihre Nestplätze aufsuchen, ist es fast unmöglich festzustellen, wann es sich um ein Paar handelt. Die Anzahl der unverpaarten σ während der Nestbauzeit betrug in verschiedenen Jahren nur 8 %. Hierbei ist zu berücksichtigen, daß der wirkliche Anteil der unverpaarten σ auch größer sein kann, da LIND nur die sicheren Fälle, daß heißt nur solche Individuen, die ein Revier in Besitz hatten, berücksichtigt hat. Die unverpaarten σ fliegen unruhig an den benachbarten Häusern umher und kehren wieder zum Nest zurück, wobei sie dasselbe mit Drohgehaben gegen andere σ verteidigen. Ist der Besucher ein φ, verhält sich das σ nicht so aggressiv wie den σ gegenüber (Abb. 18). Das φ verhält sich auf die Drohungen des σ so, »daß es sich abwendet oder die Wand oder eventuelle Spalten darin ansieht«. Wahrscheinlich erkennt das σ an diesem Verhalten das Geschlecht der fremden Mehlschwalbe.

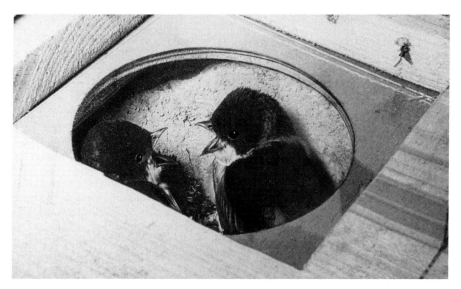

Abb. 18: Kurz nach der Paarbildung drohen sich die Partner im Nest gelegentlich an, wenn sie sich zu nahe kommen. Foto: H. LÖHRL.

Die σ, welche zu Beginn des Nestbaus noch unverpaart gewesen sind, konnten regelmäßig erst lange Zeit später einen Partner erwerben, manchmal sogar erst einen Monat danach. Aus diesen Beobachtungen ist zu schließen, daß sich die meisten Mehlschwalben »bereits vor Beginn der eigentlichen Nistperiode verpaaren, obwohl der Vorgang sich schwer feststellen läßt« (LIND 1960). K. V. GUNTEN

(1963) berichtet sogar, daß die meisten im Frühling zurückkehrenden Mehlschwalben schon verpaart sind.

Nach RHEINWALD et al. (1976) verpaaren sich einjährige und mehrjährige Mehlschwalben bevorzugt in ihrer Altersklasse,»während gemischtaltrige Paarungen seltener als nach relativen Häufigkeiten bei zufälliger Verpaarung zu erwarten wäre. Dies ist offenbar eine Folge unterschiedlicher Ankunftstermine von Einjährigen und Mehrjährigen.« Das gleiche stellten auch BRYANT (1979) und HUND (brfl.) fest.

Diese Verpaarung überdauert äußerst selten einen Winter, in vielen Fällen nicht einmal einen Sommer. Von weit über 300 Paaren, bei denen beide Vögel beringt waren, fanden im nächsten Jahr nur die Partner von 2 Paaren sich wieder. Zweimal brüteten die beiden Partner erst im übernächsten Jahr wieder gemeinsam. Es scheint eher die relativ große Ortstreue der adulten Schwalben als das Zusammenhalten oder das persönliche Erkennen des Geschlechtspartners der Grund für das gemeinsame Brüten in verschiedenen Jahren zu sein (HUND & PRINZINGER 1979, HUND brfl.).

In etwa 40 % der Fälle wird schon zur Zweitbrut eine neue Verpaarung eingegangen, wenn die Erstbrut erfolgreich war, und sogar in 70 % der Fälle, wenn die erste Brut mißglückte (HUND 1980).

Die Handlungskette bei der Paarbildung schildert LIND (1960) wie folgt: »Wenn das ♂ mit einem ungepaarten ♀ Kontakt bekommen hat, fängt es mit der eigentlichen Paarbildungszeremonie an. Das ♂ fliegt vom Nestplatz aus hinter dem ♀ her und versucht, dasselbe zurück zum Nestplatz zu lenken. Dabei läßt das ♂ dann und wann den Flugruf »tri tri« hören, ich habe aber nicht beobachten können, daß der Ruf in irgendwie schnellerem Takt als sonst ausgestoßen würde. Wenn nun das ♀ zum Nesthaus hin folgt, taucht das ♂ ohne weiteres unter die Dachtraufe, an die Wand oder auf dort angebrachten Leisten, und läßt dabei den Lockruf hören, den ich mit »zä zä zä« oder »trä trä trä« angegeben habe. Der Ruf wird in sehr raschem Takt vorgetragen und dauert mehrere Sekunden. Auch das ♀ fliegt zur Traufe hin, läßt sich aber nicht nieder, sondern fliegt weiter über das Haus. Das ♂ verläßt daraufhin den Nestplatz und fliegt wieder hinter dem ♀ her, um es erneut zum Nestplatz zu locken. Das ♀ folgt, läßt sich aber meistenfalls am Nestplatz nicht nieder, sondern macht nur im Rüttelflug halt und fliegt bald wieder weg, gefolgt vom ♂. So kann es stundenlang weitergehen, wie z. B. am 22. 5. 1954, als ich nahezu 200 derartige Bewerbungen zählte, bei denen das ♀ nur am Nestplatz im Rüttelflug stehen blieb, ohne zu landen«. Nach vielen Versuchen läßt sich das ♀ schließlich an dem ausgesuchten Nistplatz nieder, und langsam hält das Paar immer fester zusammen, bis schließlich mit dem Nestbau begonnen wird.

LIND konnte auch die Wahl eines Ehepartners auf Grund des Nestplatzes nachweisen. Ein unverpaartes ♂ und ein »verheiratetes« Paar stritten sich stundenlang um ein gut über den Winter gekommenes Nest. Das unverpaarte ♂ trug schließlich den Sieg davon und brütete mit dem ♀ — welches das Nest nicht verlassen hatte und den neuen Besitzer als Brutpartner annahm — erfolgreich.

Die Begattungen können schon während der Paarbildung sowie der Nistplatzwahl stattfinden. Erste erfolgreiche Kopulationen wurden 11 Tage vor der Ablage des ersten Eies beobachtet und die letzte mit Sicherheit vollkommene am zweiten

Legetag. Die meisten Begattungen scheinen 3 bis 10 Tage vor der Eiablage stattzu-
finden. Die Kopulationen werden überwiegend in den Morgen- oder Abendstunden durchgeführt. Dagegen können Kopulationsversuche zu allen Tageszeiten öfter
außer- als innerhalb des Nestes beobachtet werden. Die Begattungen finden überwiegend im Nest statt und nur ausnahmsweise außerhalb der Brutstätte.

Abb. 19: Aufforderung des Männchens zur Kopulation. Links nä-
hert sich das ♂ dem ♀: die Flügel
hängen, der Kopf ist gesenkt und
der Bürzel gesträubt. Rechts zweite Phase der Annäherung: ♂ packt
das ♀ an den Nackenfedern. Nach
LIND (1960).

Die Aufforderung zur Kopulation kann nach LIND (1960) vom ♂ (Abb. 19), in seltenen Fällen aber auch vom ♀ gegeben werden. Das ♀ nahm dabei »eine geduckte
Stellung ein, wobei der Kopf gesenkt, die Beine gebeugt und der Körper in waagerechter Stellung war, drehte den Kopf zum ♂ hin, stieß leise Rufe aus und wandte
sich schräg vom ♂ ab«. Das letztere reagierte auf die Aufforderung, nachdem das ♀
den Schwanz zur Seite und schräg aufwärts drehte, wonach es auf dessen Rücken
stieg. Wenn das ♂ außerhalb des Nestes Begattungsversuche macht, führt es einlei-
tend die Gebaren wie bei der Paarbildung aus. Findet dagegen die Begattung im
Nest statt, entfällt der dafür bezeichnete Flug. Vor der Kopulation singt das ♂ in
geduckter Stellung und läuft dann mit waagerechtem Körper, gesenktem Kopf, die
Federn an der Kehle gesträubt, die Flügel leicht gelüftet und etwas hängend, den
Schwanz gefächert, den Bürzel erhoben, wobei dieser als deutlich sichtbarer weißer
Fleck vielleicht als Artmerkmal dient. Danach greift es das ♀ am Kopfgefieder und
besteigt seinen Rücken. LIND konnte keine einzige Kopulation beobachten, bei der
nicht andere Mehlschwalben Interesse an diesem Vorgang gezeigt hätten und das
Verhalten nicht feindselig gewesen wäre. Gewöhnlich dringen die fremden Exemplare in das Nest ein und versuchen das ♂ vom Rücken des ♀ zu vertreiben. In
einem Fall drangen 6 fremde Mehlschwalben in das betreffende Nest ein. Begattungsversuche auf dem Boden werden ebenfalls von anderen Mehlschwalben gestört.

HANCOCK (1969) wies eine Flugkopulation nach. Außerhalb des Nestes ist das
»Schnäbeln« sehr oft und bei in Bau befindlichen Nestern mitunter zu beobachten
(BISHOP 1947).

HUND & PRINZINGER (1979) konnten in Riedhausen einen Fall einer Geschwisterbrut
und RHEINWALD (1977) sogar zwei solcher Bruten nachweisen. HUND (brfl.) stellte
ein Paar aus Mutter und Sohn und RHEINWALD (1977) ein (allerdings unsicheres)
Paar aus Vater und Tochter fest. Auch Partnerwechsel zwischen Erst- und Zweitbrut wiesen HUND & PRINZINGER (1979) bei zwei Paaren in unmittelbar benachbarten Nestern nach.

7.4 Zum Nestbau

7.4.1 Neststand

Die Mehlschwalbe, die hinsichtlich der Nistplatzwahl wohl von allen Schwalbenarten mit zu den anpassungsfähigsten zu zählen ist, war ursprünglich Felsenbrüter. Im Laufe der Zeit hat sie sich dem Menschen eng angeschlossen und siedelte sich an dessen Steinbauten an. Die Steinbauten bedeuten für die Mehlschwalbe »nichts anderes als Felsen und Steinhaufen, die ihnen bequeme Nistgelegenheiten bieten« (SCHNURRE 1921). Von Burgen und Türmen, die ihrer Felsenheimat noch völlig glichen, hat sie sich nach und nach bis herab an unsere einstöckigen Häuser gewöhnt.

Nach LIND (1960) ist eine unbedingte Grundvoraussetzung für den Nestbau der Mehlschwalbe, daß die Unterlage eine ganz nackte, harte Fläche ist, an welcher der als Baumaterial verwendete Lehm o. ä. unmittelbar haftet. Die Felsennester befinden sich daher nur an solchen Stellen, »wo die Oberfläche des Steines frei von Flechten, Moos und überhaupt der geringsten Vegetation ist«. Die Nester der Mehlschwalbe sind immer so gebaut, daß sie vor Regen und Abtropfwasser geschützt sind (vgl. Abb. 20).

Abb. 20: Nestplätze der Mehlschwalbe in den Felsen vom Naturschutzgebiet Malla in Kilpisjärvi (Finnland) von der Seite gesehen. Nach LIND (1960).

Weiter finden wir die Nester nach NIETHAMMER (1937), LIND (1960), NAGY (1908) und HARTERT (1903) an Kreide- und Kalkwänden. Als Gesteinsarten, die als Nestunterlage verwendet werden, nennen LIND (1960) z. B. für Südfinnland alte kristalline Steinsorten, KUHK (1962) und v. BARTHOS (1909) erwähnen für die Insel Bornholm bzw. für Rumänien Granitfelsen, MÄRZ (1957) und VAUK (1972) für die Sächsische Schweiz und Helgoland den Sandstein. Nach HAURI (1966) und BANSHAF (1930) wurden Brutvorkommen für die Schweiz sowie für Ebersbach bei Heidelberg an Molassesandstein und Buntsandstein nachgewiesen. Auch Nestunterlagen an Erd- und Lehmwänden wurden gefunden (BERNDT & MEISE 1960, ROBIEN 1931).

An Wänden von Gebäuden wird z. B. nach OTTO (1974) in Hamburg offenbar reiner Stein (Ziegel, Klinker) als Nestunterlage bevorzugt angenommen, denn es bauten 64,4 % der Mehlschwalben an solchen Wänden. Zieht man die Putzunterlage noch hinzu, so kommt man auf 79,6 %. Die restlichen 20 % entfallen auf sonstige Nestunterlagen wie Holz- und Schieferwände usw. Holzwände werden nach JORDANIA (1958) und JOHANSEN (1955) in der ehemaligen Sowjetunion nur selten von der Mehlschwalbe als Nestunterlage benutzt. In Oberschwaben liegt der Prozentsatz von Nestern, die ausschließlich an Holz gebaut sind, bei etwa 4 % (HUND brfl.). Außerdem werden nicht verputzte Häuser nur sehr ungern oder überhaupt nicht ausgesucht und nach dem Verputzen und Anstreichen oft unmittelbar bezogen.

Abb. 21: Einzelnest mit deutlicher Abstandslinie. Foto: H. LÖHRL.

Die Nachweise der Neststandorte an Felsen sollen hier nur kurz zusammengefaßt werden und erheben keinen Anspruch auf Vollständigkeit. In Ostdeutschland werden die Kreidefelsen auf Rügen schon 1859 in der Literatur erwähnt, und es berichten WIESE (1859), A. BREHM (1869), ROBIEN (1931), SCHOENNAGEL (1939), CREUTZ (1961) sowie PLATH (1977) ausführlich darüber. Ein Brutvorkommen wird von MÄRZ (1957) und CREUTZ (1935) am Westrand der Sächsischen Schweiz genannt. Die kleine Kolonie ist nach CREUTZ (1961) inzwischen erloschen.

In Westdeutschland bestand etwa bis 1920 sporadisch auf Helgoland ein kleines Brutvorkommen (DROST 1927). Nach VAUK (1973) konnten ab 1972 erneute Bruten nachgewiesen werden. Drei weitere Brutplätze an Felsen werden von DIETZ (1933) für die Fränkische Schweiz sowie bei Heidelberg (HORST 1930) und nahe Reichenhall von MURR (1936) genannt. Außerdem wurde die Mehlschwalbe als Felsenbrüter in folgenden europäischen Ländern nachgewiesen:

Belgien	GEOLETTE (1934)
Ehem. ČSSR	MICHEL (1929), FERIANC (1941), MATOUŠEK (1956)
Dänemark	HOMEYER (1885, 1897), KUHK (1926)
Finnland	HORTLING (1929), MERIKALLIO (1958), LIND (1960)
Frankreich	MAYAUD (1933), OLIVER (1938)
Griechenland	REISER (1905), MAKATSCH (1950)
Großbritannien	JOURDAIN & WITHERBY (1939), HUXLEY (1938/39)
Italien	HOFFMANN (1927), KRAMPITZ (1956)
Österreich	HOFFMANN (1927)

Rumänien	NAGY (1908), V. BARTHOS (1909), BECKMANN (1930)
Spanien	SCHNURRE (1921), SUNKEL (1926), SCHUBERT (1959), STEINBACHER (1960)
Schweden	NAUMANN (1901), SALOMONSEN (1927), TISCHOFF (1955)
Schweiz	GLUTZ (1962), HAURI (1966, 1978) — vgl. Abb. 13
Ehem. UdSSR	GROTE (1927, 1932)
Ungarn	HARTERT (1912)

Welche Gebäudeart von der Mehlschwalbe vorgezogen wird, konnten BOULDIN (1959) und OTTO (1974) nicht klären. OTTO glaubt, »daß die Gliederung der Gebäudeoberfläche (geeigneter Überstand), eine freie Anflugfläche und eine geeignete Umgebung (Nistmaterial, freie Jagdflächen) die Wahl des Neststandortes bestimmen. Trotzdem möchte ich wenigstens in einem Fall über die Neststandorte der einzelnen Gebäudearten in einem Kontrollgebiet im Vogtland berichten. Nach ERNST & THOSS (1975) brüteten 244 Paare an Wohngebäuden, 134 an Ställen, 99 an Scheunen, 78 an Durchfahrten und 46 an sonstigen Gebäuden. Daß schließlich auch in den Neubaugebieten, hier spielt der Typ der Wohnblöcke sicher eine Rolle, Neststandorte recht unterschiedlich sein können, zeigen die Untersuchungen von PLATH (Mskr.) und KRAMER (1972). Hier befanden sich in Rostock von 831 Nestern 10,3 % in Hauseingängen und 87,7 % an Balkons. Dagegen waren in Halle–Süd etwa nur die Hälfte aller Nester an Balkons und die knappe Hälfte unter Dachüberhängen errichtet worden. Die Dachüberstände, unter denen nach OTTO (1974) die Mehlschwalben ihre Nester anlegten, hatten zu 94,2 % Längen zwischen 30 und 100 cm; 67,5 % lagen sogar in dem engen Bereich von 30–50 cm, der damit als Strukturoptimum anzusprechen ist. Daneben stellte dieser Autor (1974) Extremwerte von 5–170 cm fest. Nach HUND (brfl.) sind in seinem Untersuchungsgebiet in Oberschwaben 6 Brutplätze unter Vordächern landwirtschaftlicher Gebäude bekannt, die einen Dachüberhang von 3–4,5 m aufweisen. Die hier vorhandenen Kolonien zählen zu den größten in seinem Arbeitsgebiet.

In ihren ursprünglichen Lebensräumen legen die Mehlschwalben in der Schweiz nach GLUTZ (1962) ihre Nester an Felsen bis zu 100 m über dem Fuß der Felswand an. MURR (1936) wies an der Südostwand des Ristfeichthornes nahe Reichenhall zwei Mehlschwalbennester an einem Felsen des Hauptdolomit etwa 120 m über dem Schuttfuß und 240 m über der Talsohle in 750 m Höhe üNN nach, KUHK (1926) fand an der Ostküste der dänischen Insel Möen etwa 25 Mehlschwalbennester, die in etwa 90 m Höhe der bis 140 m hohen Kreidewand standen.

An Gebäuden dürfte der niedrigste Neststand 2,5 m sein, und der höchste der von LENZ (1972) nachgewiesene Brutplatz unter den Dächern von 24stöckigen Häusern in Westberlin. In den Dörfern liegt nach OTTO (1974) die Neststandhöhe zwischen 2,5 und 8 m. Im allgemeinen dürfte es auch keine höheren Bauten im Dorf geben. In den Städten, wie z. B. Hamburg, standen über 70 % aller Nestunterlagen in Höhen zwischen 4 und 8 m. Über 25 % lagen sogar in dem engen Bereich von 6–7 m. In einem Neubaugebiet von Rostock ergaben Untersuchungen nach PLATH (Mskr.) folgende Ergebnisse: Von 701 Nestern befanden sich 39 an Hauseingängen bzw. im Erdgeschoß. Die Anzahl der Nester an den einzelnen Stockwerken verteilte sich nach Tabelle 9.

Die Mehlschwalben gehen also hier mit der Anlage ihrer Nester höher hinauf als in Hamburg.

Tab. 9: Anzahl der Nester an den einzelnen Stockwerken von Häusern.

Stockwerk	Anzahl Nester	Stockwerk	Anzahl Nester
1	38	6	1
2	125	7	1
3	177	8	2
4	156	9	4
5	156	10	2

Über die Lage der Neststandorte kann im allgemeinen gesagt werden, daß keine Himmelsrichtung bevorzugt wird. Dies bestätigen z. B. ERNST & THOSS (1975) für das Vogtland, BRIESEMEISTER (1973/88) für Magdeburg sowie BOULDIN (1959) für Großbritannien und BOS (1986) für die Niederlande. Bei einer Untersuchung in Hamburg an 1 584 Nestern haben nach OTTO (1974) die Mehlschwalben für die Anlage ihres Nestes ebenfalls keine Himmelsrichtung bevorzugt. FALLY (1987) stellte im Burgenland (Österreich) eine schwache Bevorzugung der südlich–östlichen gegenüber den windexponierten nördlich–westlichen Brutwänden fest. Nach ANTÓN & SANTOS (1985) weisen in Madrid 64,8 % der Nester nach N bis SE.

Zu etwas anderen Resultaten kam PLATH (Mskr.) bei seinen Untersuchungen im Neubaugebiet von Rostock. Im Wohngebiet hielten 2,26 % die Nord-, 12,62 % die Ost-, 42,38 % die Süd- und 42,74 % die Westrichtung ein. Bei Industrieprojekten war das Verhältnis wieder anders, denn hier legten 10,04 % an der Nord-, 23,85 % an der Ost-, 47,28 % an der Süd- und 18,83 % an der Westseite der Anlagen ihre Nester an. Die Nordlage wird weniger gern als Nistplatz gewählt. Dieser Widerspruch zu den Ergebnissen im Binnenland kann eventuell mit der küstennahen Lage des Gebietes erklärt werden. In den Sommermonaten sind die Gebäudeseiten in der Nordlage deutlich kühler als die übrigen Lagen. Auch LIND (1960) kam in Finnland in verschiedenen Gegenden zu keinen einheitlichen Ergebnissen. Er begründet das damit, daß die Topographie des Geländes einerseits sowie die von der Himmelsrichtung abhängigen Temperaturverhältnisse andererseits eine Rolle spielen können.

Während die Rauchschwalbe, abgesehen von wenigen Ausnahmen, ihre Nester in Innenräumen baut, ist das Nisten der Mehlschwalbe in Räumen die Ausnahme. Nach SCHERNER (1968) brüten im Kreis Gifhorn »seit mehr als 20 Jahren alljährlich etwa 10 Brutpaare im Stall an den Deckenbalken«. STICHMANN–MARNY (1966) nennt Mehlschwalben — wie schon erwähnt — sogar schon seit über 80 Jahren aus dem Innern eines Bauernhauses. Ferner berichtet RHEINWALD (1975a) von einer beachtlichen Kolonie von etwa 80 Paaren in zwei Ställen. Über weitere Bruten in geschlossenen Gebäuden publizierten RABE (1932), RINGLEBEN (1933), LAMBERT (nach KAISER 1961), LUNAU (1941), KEES (1966) und ERNST & THOSS (1975).

Auch Nester, die seitlich keine Berührung mit der Wand halten, sondern frei standen, sind in der Literatur genannt. So erwähnt STOPPER (1962) ein Nest, das 15 cm von der Hauswand entfernt auf einem Isolator stand. Es war trichterförmig zum Dachvorsprung gebaut. Unter Lauben fand CHRISTOLEIT (nach TISCHLER 1941) eigenartige Nester, die frei auf Eisenstangen ruhten und bis an die Decke gebaut waren. Bei Würzburg ist nach KLIEBER (1973) ein Nest der Mehlschwalbe, zum Teil gestützt von einem waagerechten Eisenrohr, zwischen diesem und einer Wölbung des Eternitdaches errichtet worden.

Abb. 22: Nest auf Maschendraht gebaut, der das Nestbauen verhindern sollte. Foto: KRATZ (aus MEIER 1980b).

Nach MEIER (1980b) baute ein Mehlschwalbenpaar auf Maschendraht, der das Nestbauen verhindern sollte, ein Nest (siehe Abb. 22). Das Nest hatte die Form eines Bienenkorbes und stand 30 cm vor der Wand zwischen zwei Sparren auf dem Maschendraht. Oben verjüngte sich das Nest bis auf das 5 cm große Einfluploch, dessen hinterer Rand bis an die Traufenschalung hochgezogen war und so dem Nest Halt verlieh. Einen eben solchen Fall wies auch JONKERS (1986) in den Niederlanden nach. Die vordere Höhe betrug 17 cm, der mittlere Umfang 43 cm. In der Kolonie in Groß Särchen wurde ein etwa 10 cm großer Metallring, der an einer Holzdecke befestigt ist, trichterförmig bis zur Decke umbaut. Das Nest hängt also frei an der Decke. Nach ERNST & THOSS (1975) wurde in Ungarn in einem überdachten Bahnhofseingang ein Nest etwa zwei Meter hoch auf einem Kasten für elektrische Anschlüsse gebaut. Das Nest war oben völlig offen und erinnerte außer vom Nistmaterial her kaum an ein Mehlschwalbennest. HUND (brfl.) fand ebenfalls zwei von der Norm abweichende Nester (vgl. Abb. 23). Ein Nest stürzte vorzeitig ab, da das Kabel schwankte. Bei dem anderen Nest setzte sich die ankommende Mehlschwalbe immer zuerst auf das Drahtseil und kletterte dann zum »Einfluploch«, das parallel zur Hauswand verlief und nur aus nächster Nähe überhaupt zu sehen war.

Zwei freistehende Nester zwischen waagerechtem Blitzableiterdraht und Dachüberstand fand SCHERNER (1978) auf Sylt.

Auch an Brücken, die aus Stahl oder Beton gebaut sind, finden wir die Mehlschwalbe als Brutvogel (KRIETSCH 1930, DIEGEL 1934, KAISER 1957, 1961, CREUTZ 1961, GNIELKA et al. 1983, und eig. Beobachtungen). In der Schweiz und in Luxemburg brütet *Delichon urbica* nach GLUTZ (1962) sowie HULTEN & WASSENICH (1960/61) ebenfalls an Brücken. Ähnlich zu interpretieren ist der Fund von drei

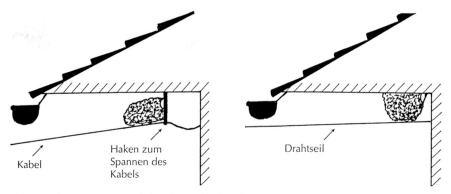

Abb. 23: Abnorme Neststände bei der Mehlschwalbe. Nach HUND (brfl. Mitt.).

fertigen und einem begonnenen Nest der Mehlschwalbe in den Gabelungen von
Eisenträgern in einer Mischanlage des Großkraftwerkes Boxberg (PANNACH 1979).
Auch an den Sperrmauern der Hohenwartetalsperre und der Wippertalsperre
wurden nach THOSS (ERNST & THOSS 1975) sowie GNIELKA (1977) von der Mehlschwalbe Nester gebaut.

Oft wählt die Mehlschwalbe auch Fensternischen als Nistplatz aus, worauf der
französische Name »Fensterschwalbe« (Hirondelle de fenêtre) hinweist. Im ehemaligen Jugoslawien, in Totovo Užice, brütet nach SCHÖNFUß (1962) der größte Teil der
dortigen Mehlschwalben in den oberen Winkeln der Fensternischen. Auch
MAUERSBERGER (1969) fand in den mazedonischen Ortschaften manches Nest in
Fensternischen, und PÜTTGER (1980) wies in Westdeutschland stehende Mehlschwalbennester auf Fenstersimsen nach.

Nach NIETHAMMER (1937) haben sich Angaben über von der Mehlschwalbe selbst-
gegrabene Niströhren als irrig herausgestellt, obwohl GROTE (1920) besonders auf
derartige Befunde in der ehemaligen Sowjetunion hinweist. In Deutschland und
Frankreich wurden jedoch mitunter Niströhren der Uferschwalbe (*Riparia riparia*) in
ihrem vorderen Teil benutzt (QUANTZ 1927, TISCHLER 1941, YEATMAN 1978). Nach
SARUDNY & KARAMSIN (siehe TISCHLER 1941) sind die Nester der Mehlschwalbe bei
Orenburg und im Burguruslauschen Kreis in Rußland fast ausschließlich in den
Höhlen von Uferschwalben angelegt worden. Auch in den Wolga–Ural–Steppen
brüten nach VOLČANEZKIJ (1932) und KOLOJARZEW (1989) Mehlschwalben in Brut-
röhren der Uferschwalbe.

In der Intertankstelle in Plau sah DATHE (1987) auf vier Lampen, die tellerförmige
flache Schirme mit etwa 40 cm Durchmesser hatten, bis zu sieben besetzte Mehlschwalbennester. Dieselben waren rund um den Rand unmittelbar aneinanderge-
klebt angeordnet.

GRÖSSLER (1965) beobachtete in Bulgarien Mehlschwalben, die ihre Nester in zwei
Meter Höhe auf Neonröhren gebaut hatten, und LENSCH (1976) fand in einem Ort in
Griechenland in den meisten Straßenlaternen, die aus weißemaillierten Metallkup-
peln, die unten offen waren und etwa einen Durchmesser von 40 cm hatten, ein
oder zwei Nester dieser Vogelart. Auch STREMKE (brfl.) berichtet von solchen Brut-

plätzen. Er fand in Prerow/Darß in freistehenden Straßenlampen an der Dorf-
straße, die sich auf etwa 7 m hohen bogenförmigen Masten befanden, die Nester in
den nach oben offenen Lampenschirmen im Innern auf den Quecksilberhochdruck-
lampen gebaut (Abb. 24). Sie füllen den Raum zwischen der Lampe und Innendek-
kel aus. Insgesamt befanden sich drei Nester in den benachbarten Lampen.

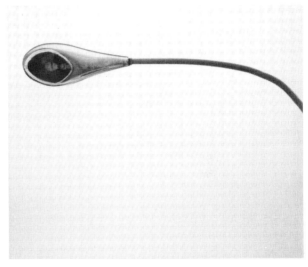

Abb. 24: Ein besetztes Nest
in einer Straßenlampe in
Prerow/Darß 1979. Foto: D.
STREMKE.

Auch in Halbhöhlennistkästen wurde die Mehlschwalbe als Brutvogel nachgewie-
sen. So brütete nach PRÜNTE & MESTER (1956) in einem solchen Nistgerät, das aus
Birkenholz gebaut war und an einem Fachwerkhaus unterm Dach hing, ein Paar.
Die rechteckige Einflugöffnung war durch die Erdwand des Nestes eingeengt.
Ferner wurde von einem herabgestürzten Mehlschwalbennest berichtet, welches
halbwüchsige Junge enthielt, die in eine Holzbetonhöhle gesetzt und von den
Altvögeln weiter gefüttert wurden (WOLFF 1959). Als die 1. Brut ausgeflogen war,
begann das Paar, die Höhle für eine neue Brut herzurichten, indem es mit entspre-
chendem Nistmaterial den Eingang der Höhle bis auf ein rundes Einschlupfloch
zubaute.

Von zwei Mehlschwalbennestern, die nach GAWRILENKO an einer dürren Weide
gebaut waren, berichtet GROTE (1930). Unter dem hervorspringenden Dach eines
besonders großen Starkastens, welcher auf einem Baum hing, baute nach KOLLIBAY
(1906) ein Brutpaar sein Nest.

Auch in Hohlräumen von Mauern errichtet die Mehlschwalbe mitunter ihr Nest. so
fanden PRÜNTE & MESTER (1956) ein Nest, welches in einer Ziegelsteinlücke einer
Fabrikmauer in etwa 9 m Höhe gebaut worden war. Hier war ein Wall — zumin-
dest nach außen — geklebt. In Südlappland nisteten nach HYLTÉN-CAVALLIUS (1951)
zwei Brutpaare in Höhlungen einer Hauswand. Die Nester waren ohne jeden
Erdwall. In Ludwigslust zog nach ZIMMERMANN (in KAISER 1961) ein Mehlschwalbenpaar die Brut nicht in einem selbst gebauten Nest groß, sondern in einem Loch
in der Verschalung unter der Dachrinne eines Hauses. Im Jahr zuvor hatte ein Star

Abb. 25 (oben): Von der Normal-
form abweichendes Nest zwischen Dachbalken und -sparren.
Foto: G. HÜBNER.

Abb. 26: Mehlschwalbennest auf
einer Bodenseefähre. Foto: H.
LÖHRL.

(*Sturnus vulgaris*) diesen Nistplatz benutzt. Ähnlich abweichend war ein zwischen
Dachbalken und -sparren befindliches Nest in der Försterei Zühlslake, Kr. Oranien-
burg (HÜBNER brfl. — vgl. Abb. 25).

Zu den ausgefallensten Neststandorten gehören nach LÖHRL (brfl.), REKASI (1975)
und DUBOIS (1976) unter anderem Mehlschwalbennester auf in Betrieb befindlichen

Fähren (Abb. 26). Auf einem weiteren Wasserfahrzeug, dem »Traditionsschiff«, das in Rostock–Schmarl vor Anker liegt, fand STREMKE (brfl.) mindestens 20 Nester, die an Stahlverkleidungen über Niederhängen und ähnlichem angebracht waren. Im Osten des Rostocker Stadtgebietes fand PLATH (1981) Mehlschwalbennester in etwa 10–12 m Höhe in einem Großtanklager. Als Neststandorte waren ausnahmslos stählerne Schräg- und Horizontalstäbe gewählt worden. Nach JACOBI (1975) versuchten in der ehemaligen Sowjetunion auf südlichen Flugplätzen neben anderen Vogelarten auch Mehlschwalben ihre Nester an Flugzeugen zu bauen.

7.4.2 Nestbau

Der Beginn des Nestbaus variiert bei der Mehlschwalbe sehr und ist auch von der Witterung und der Höhenlage abhängig. Im allgemeinen wird in Mitteleuropa im ersten Maidrittel damit begonnen. Der Beginn in den einzelnen Kolonien kann sich aber so auseinanderziehen, daß man annehmen könnte, die Mehlschwalben bauen für eine zweite Brut ein neues Nest. Nach BAIER (1977) wurde z. B. erst am 12. 6. 75 in Grafenwiesen (Westdeutschland) mit dem Nestbau an sechs Stellen begonnen, und zahlreiche Aufzeichnungen über einen Beginn des Nestbaus erst Mitte Juli und sogar vom 10. August konnte BALÁT (1973) in der ehemaligen ČSSR machen. In der Kolonie in Groß Särchen konnte ich ebenfalls Mehlschwalben beobachten, die mit dem Nestbau erst in der ersten Augustdekade begonnen hatten. Mitunter wird es sich aber bei diesem verspäteten Beginn des Nestbaus auch um Paare handeln, deren Nest während der Brut herabgestürzt ist.

Nach LIND (1960) überfliegt die Mehlschwalbe die Stelle, wo sie sich Nistmaterial holen will, »schon vor dem eigentlichen Bauen, macht Schwenkungen zum Boden hin, landet aber nicht«. Erst wenn sie genügend »in Stimmung« ist, läßt sich die Mehlschwalbe auf den Boden nieder, nimmt Lehm in den Schnabel und trägt diesen fort. Hierbei spielt nicht nur die Materialfrage eine Rolle, sondern es muß auch eine genügend hohe Temperatur vorhanden sein. Je höhere Temperaturen herrschen, um so schneller wird das Nest fertig. Sinken diese, so wird das Bauen des Nestes eingestellt, was nach LIND bei solchem Wetter mit dem Erwerb der Nahrung zusammengehängt. Je weiter jedoch die Jahreszeit fortgeschritten ist, um so niedrigere Temperaturen überwindet sie nach TINBERGEN (1951).

Als Baumaterial verwendet die Mehlschwalbe überwiegend dünnflüssigen Lehm sowie feuchte Erde und Torf. CLAEYS (1983) und RINNHOFER (1977) beobachteten an der See Mehlschwalben, die als Nistmaterial angespülte Algen verwendeten. Auch verrottetes Sägemehl wurde, solange es feucht war, zum Nestbau genommen (BAIER 1977). Auf der Halbinsel Istrien (Kroatien) bauten nach STEINER (1971) im Juli 1959 die Mehlschwalben teilweise aus dem Hafen lagernden rotbraunen Bauxit. Beim Bau und bei der Benutzung der Nester färbten sich die Mehlschwalben damit ein und sahen dadurch der Rötelschwalbe (*Hirundo daurica*) sehr ähnlich. Werden die Nester an Kreidefelsen gebaut, wird dazu auch Kreideschlamm verwendet (MAYR 1926). Nach JORDANIA (1958) verwendeten die Mehlschwalben in Georgien neben Lehm auch Kot und kleine Steinchen.

In der Groß Särchener Kolonie konnte ich feststellen, daß mit dem Baumaterial, welches überwiegend aus Lehm und feuchter Erde bestand, auch trockene Pflanzenteile und kleine Steinchen mit einem Durchmesser von 2–10 mm mit dem Baumaterial vermischt wurden. In Kunstnestern fand HUND (brfl.) häufig solche Steinchen, zum Teil bis zu 20 Stück. Sie lagen lose im Nest und waren meist das erste Anzeichen, daß das betreffende Nest auch bezogen wurde. Bei Kunstnestern ist eine Ausbesserung nicht notwendig. Trotzdem befriedigen relativ viele Schwalben den Bautrieb dadurch, daß sie nach HUND (brfl.) Lehmklümpchen an verschiedenen Stellen, bevorzugt außen und innen am unteren Fluglochrand und innen am Rand der Nestmulde anbringen. Mehlschwalben, die an Felsen brüteten, holten sich nach LIND (1960) ihr Baumaterial oberhalb der Niststätte. Dort sickerte aus einer Felsspalte Wasser, welches das Erdreich zu dünnem Schlamm anfeuchtete, den die Schwalben zum Nestbau heranholten. Ähnliches konnte HAURI (1967) in der Schweiz beobachten, denn hier holten die Mehlschwalben ihr Nistmaterial auch an einer Felswand. Durch herausrinnendes Wasser schied die Wand Kalk aus, der mit feiner Erde und Algen zu einem gelbbraunen Brei vermischt wurde und so als Baumaterial diente.

Das Material für den Nestbau entnimmt die Mehlschwalbe an Rändern von Gewässern, an Pfützen oder ähnlichen feuchten Stellen. Das Nistmaterial wird am nächstgelegenen Ort geholt. In Groß Särchen geschah dies auf dem Gelände des Bauernhofs, in dem sich die Kolonie befand, sobald nur einige Pfützen vorhanden waren. War dies nicht der Fall, wurde das Material am Ufer eines Grabens geholt, der etwa 100 Meter entfernt im Dorf fließt. Oft müssen die Mehlschwalben ihr Baumaterial von noch weiter entfernten Lokalitäten heranholen. So berichtet RINNHOFER (1977), daß das Nistmaterial an der Ostsee in einem Falle von einer etwa 150 Meter entfernten Sandbank an der Wasserkante stammte. WAGNER (1959) und STOBBE (OTTO 1973) geben für Luxemburg und Hamburg sogar 200 bzw. 500 Meter an. LIND (1960) kam bei 42 Fällen auf eine durchschnittliche Entfernung von 50 bis 150 Metern zwischen Nest und Baumaterialstandort. Eine extreme Entfernung wies GALL (1975) in Luxemburg nach: Hier holten die Mehlschwalben für den Nestbau ihr Material aus einem etwa 1 km entfernten Baggerloch einer ehemaligen Ziegelfabrik.

In einem Fall wird berichtet (BAIER 1977), daß sich die Mehlschwalben ihr Baumaterial nicht von den nahegelegenen Feldern holten, sondern sie nahmen die durch den starken Regen auf die Straße geschwemmte Erde. BAIER gibt als Grund für dieses Verhalten an, »daß zum einen die Vögel auf den Feldern eine solche vom Regen gereinigte Erde nicht vorfinden, da diese stark mit Kunstdünger gedüngt werde.«

Zum Aufnehmen des Baumaterials sucht sich die Mehlschwalbe immer Stellen aus, die einige Meter freie Sicht bieten. Da sie sich ungern auf dem Boden niederläßt — das Auffliegen von hier fällt ihr schwer —, zwingt sie erst der Trieb zum Nestbau zum Landen. Die Mehlschwalbe kreist erst lange bzw. steht im Rüttelflug über der Stelle, von der sie Baumaterial entnehmen will (vgl. auch LIND 1960). Die Aufnahme des Baumaterials dauert nach LIND 6–8 s.

Abb. 27 (rechts): Von oben nach unten: Mehlschwalben bei der Aufnahme von Lehm für den Nestbau, beim Einsammeln von Federn für die Auspolsterung und beim Bau des Nestes. Fotos: H. MENZEL.

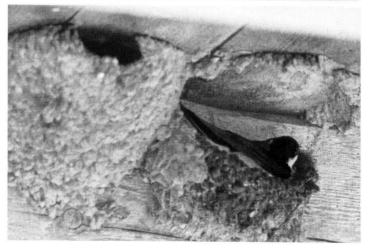

Bei der Aufnahme des Baumaterials steht die Mehlschwalbe mit ausgestreckten Beinen auf dem Boden. Sie beugt sich rasch nach vorn und reißt mit einem oder mehreren Bewegungen ein entsprechendes Klümpchen in den Schnabel. Die ganze Prozedur macht den Eindruck, als ob es die Mehlschwalbe eilig hat und die ganze Angelegenheit »gewissermaßen heimlich und verstohlen ausgeführt würde«. Die Mehlschwalbe verhält sich an den Stellen, wo sie das Baumaterial entnimmt und am Boden überhaupt, recht unterschiedlich. Je nach dem Baustadium ist sie anfangs außerordentlich scheu, was später beim intensiven Nestbau nachläßt. Da Mehlschwalben von größeren Kolonien gemeinsam beim Baustoffaufnehmen angetroffen werden (vgl. Abb. 27), macht sie nach LIND die »Gesellschaft mutiger«. Es ist also eine sehr ausgeprägte Gesellichkeit beim Sammeln von Nistmaterial vorhanden. Es soll sogar soweit gehen, daß, wenn eine Mehlschwalbe Grashalme einträgt, es die anderen auch tun. Mitunter sollen sogar mehrere Exemplare an einem Nest bauen, das dann schneller fertig wird (LIND 1964). Dazu schreibt jedoch RINNHOFER (1977), daß dritte Vögel, die sich am Nestbau beteiligen wollten, stets vertrieben wurden.

Wenn die Mehlschwalbe mit dem Klümpchen Baustoff zum Nest fliegt, wird der kürzeste Weg gewählt. Dabei macht der Vogel im Flug einen schwerfälligen Eindruck. Anders sieht es beim Rückflug zur »Baustoffquelle« aus. Hier beobachtete GALL (1975) sogar bei dem etwa 1 km von der Kolonie entfernten Baggerloch, von wo das Baumaterial geholt wurde, daß die Mehlschwalben nicht direkt das Loch ansteuerten, sondern die Zwischenzeit zum Nahrungserwerb benutzten.

Bei Felsennestern verhielten sich die Mehlschwalben nach LIND wie folgt: Sie holten sich, wie schon erwähnt, das Baumaterial von oben her zum Nest. Niemals wurde beobachtet, daß sie an Stellen unterhalb des Nestes das Material geholt hätten. Beim »Aufstieg« zu dem etliche oder einige Dutzend Meter über dem Nest liegenden Lehmplatz folgten sie den Senken und flogen in weiten Kurven, was den Anstieg erleichterte. Der Rückflug erfolgte einfacher, denn die schwer beladenen Mehlschwalben flogen im Gleitflug direkt zum Nest.

In Luxemburg beobachtete GALL (1979) während der Schwalbenzählung, daß eine Mehlschwalbe ein von einem Sperling besetztes Mehlschwalbennest immer wieder anflog. Bei näherer Beobachtung stellte er fest, daß das Verhalten der Schwalbe nicht etwa dem Vertreiben der Sperlinge aus dem eigenen Nest galt, sondern daß sie bei jedem Anflug versuchte, das lose heraushängende Nistmaterial mit dem Schnabel zu fassen, um anschließend mit den Halmen ins eigene Nest, das sich in einer Entfernung von etwa 2 m befand, zu fliegen. Nach LIND (1960) und LÖHRL (brfl.) ist das Stehlen von Nistmaterial aus unbewachten Nachbarnestern ziemlich häufig. Diebstahl von Nestwandmaterial beobachtete BERNDT (1982).

Das Befestigen des Baumaterials an der Unterlage erfolgt durch schnelle Bewegungen des Schnabels und des Kopfes in seitlicher Richtung. Oft wird die Tätigkeit auch für einen Augenblick unterbrochen und das Ergebnis der Arbeit betrachtet, um dann den Nestbau wieder fortzusetzen. Zum Anheften des mitgebrachten Baumaterials benötigt die Mehlschwalbe etwa eine Minute, was jedoch bei nicht zu feuchtem Material bedeutend mehr Zeit erfordert. Beim Bau des Nestes fällt oft ein Teil des mitgebrachten Baumaterials herunter, was nach meinen Schätzungen manchmal ein Zehntel des von der Schwalbe herangebrachten Materials sein kann.

Nach KIVIRIKKO (1947) und MAKATSCH (1953) wird der für den Nestbau verwendete Schlamm von der Mehlschwalbe durchspeichelt. BERNDT & MEISE (1960) schreiben, daß »die bei dieser Art festgestellte Vergrößerung der Speicheldrüsen zur Brutzeit nicht ausreichend ist, um bei Fehlen von feuchtem Boden trockenes Material für den Nestbau genügend zu durchfeuchten«. LIND (1960) betont, daß er keine Veranlassung habe zu glauben, »daß die Mehlschwalbe Speichel als Haftstoff benutzt, ... weil der angewandte Lehm dünn ist«. Er begründet seine Annahme weiter damit, daß der Lehm oft außen am Schnabel anklebt und das Vibrieren auch bei geschlossenem Schnabel vor sich gehen kann. Daß die Mehlschwalbe wegen des Fehlens von feuchtem Baumaterial nicht in der Lage ist, bei großer Trockenheit zu bauen, hat u. a. WAYEMBERGH (1953) beobachtet. Zwei Mehlschwalbennester blieben unvollendet und hatten die Form von Rauchschwalbennestern. Nach einer Brutzeit von acht Tagen regnete es, und am nächsten Tag begannen die Schwalben das Nest zu vollenden, was bereits am Abend desselben Tages geschehen war. Die vergrößerten Speicheldrüsen hängen nach LÖHRL (brfl.) wohl mit dem Einspeicheln der Futterballen zusammen.

Abb. 28: Stellungen der Mehlschwalbe beim Nestbau, links und Mitte: Ankleben der ersten Lehmbrocken. Nach LIND (1960.

Beim Ankleben des ersten Baumaterials an die Unterlage hält die Mehlschwalbe den Körper waagerecht. Der Schwanz, mit dem sich die Schwalbe an die Wand stützt, wird dabei mehr oder weniger gefächert. Der Kopf wird bei dieser Tätigkeit senkrecht nach unten gehalten (vgl. Abb. 28). Nach LIND (1960) ist manchmal der ganze Körper fast senkrecht gerichtet und der Kopf wird nach oder schräg seitwärts gehalten. Eine waagerechte Stellung nimmt die Mehlschwalbe ein, sobald das Nest etwa 3 cm hoch gebaut ist. Die Schwalbe steht dann auf dem bisher erbauten Nestteil und bringt das Baumaterial an. Dabei ist der Schwanz überwiegend zur Wand gerichtet, und Kopf sowie Schultern befinden sich oberhalb des Nestrandes. LIND erschien anfangs die Stellung beim Anheften der ersten Lehmteilchen ganz widernatürlich, insbesondere da sie auch dann eingenommen wurde, wenn eine andere Stellung zweckmäßiger gewesen wäre. Als er aber sah, daß der Nestwall im späteren Stadium stets von innen, vom Nest her gemauert wurde, kam er auf den Gedanken, daß die Mehlschwalbe offenbar bei der Anlage des Nestes sich vorstellt, im Nest zu sein. Der angeborene Trieb zwingt sie dazu, das Ankleben des Lehms von innen her auszuführen, und deswegen nimmt die Mehlschwalbe die beschriebene Stellung ein, obwohl das Nest noch gar nicht vorhanden ist; ein Beweis für die schematische Natur der Instinkthandlungen, sofern LINDs Schlußfolgerungen richtig sind!

Ein entsprechendes Reifen der Handlungsstimmung wie beim Materialholen ist auch bei der Bauintensität zu beobachten. Abbildung 29 zeigt die Mittelwerte der Zahl der täglich von der Mehlschwalbe herangeschleppten Lehmbrocken, resultierend aus der Beobachtung an 8 völlig neu angefangenen Nestern. Die Zahlen sind

Zahl der Lehm-
klümpchen

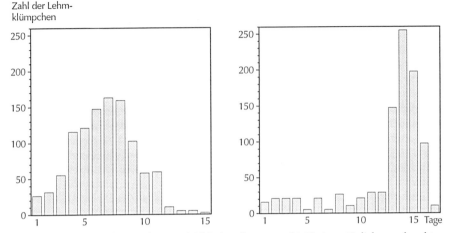

Abb. 29: Links: Mittelwerte der von Mehlschwalben an acht Nestern täglich angebrachten Lehmbrocken (waagerecht Tage, senkrecht Zahl der Brocken), rechts: Nestbau eines unverpaarten Männchens. Die Pausentage sind in der Darstellung nicht berücksichtigt. Nach LIND (1960).

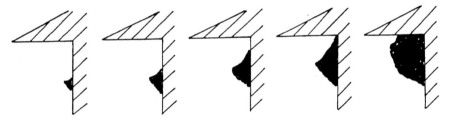

Abb. 30: Bauphasen eines Mehlschwalbennestes.

nur Schätzungen, die eine Fehlergrenze von etwa ± 15 % enthalten. Wie aus der Abbildung 30 ersichtlich, ist es typisch für den Nestbau der Mehlschwalbe, daß er sehr langsam begonnen wird. Danach folgt eine Zeitspanne, in der die Tiere sehr intensiv bauen, die aber am Ende des Nestbaus wieder merklich nachläßt und sich noch geraume Zeit — auch noch, wenn schon Eier im Nest vorhanden sind — hinziehen kann.

Daß das Baumaterial nicht immer nur von einem bestimmten Platz geholt wird, zeigt sich oft an den fertigen Nestern, die dann verschiedene Färbungen aufweisen.

Die für das Nest benötigte Bauzeit kann recht unterschiedlich sein. Zuerst werden von den zurückkehrenden Schwalben die alten unbeschädigten Nester in Beschlag genommen, bei denen kein oder sehr wenig Baumaterial herangeschafft werden muß. Die später in der Brutkolonie ankommenden Mehlschwalben müssen dann die beschädigten Nester beziehen und wieder in Ordnung bringen oder mit dem Bau eines neuen Nestes beginnen.

Die Bauzeit schwankte für 10 Nester nach meinen Ermittlungen zwischen 10 und 14 Tagen. Nach LIND (1960) erfordert die Fertigstellung eines neuen Nestes 8 bis 18

Tage, und es mußten bei 10 Nestern 690 bis 1 495 — im Durchschnitt 1 074 — Baumaterialklümpchen herangebracht werden. Bei 25 alten Nestern ermittelte er, daß 0 bis 700 Klümpchen zur Ausbesserung des Nestes verwendet wurden. Wie schon erwähnt, erhöhen sich diese Angaben noch, da beim Nestbau auch im Flug manchmal Material herunterfällt. Wie am Anfang dieses Abschnittes schon gesagt, wird bei sinkender Temperatur der Nestbau in der Regel eingestellt. Nur 9 von 29 untersuchten Paaren bauten dann noch. Die restlichen Paare legten Pausen von einem bis drei Tagen ein.

Trotz der recht unterschiedlichen Nestplätze werden während der Brutzeit bestimmte Phasen eingehalten. LIND (1960) unterscheidet fünf Stufen:

(1) Lehmarbeit. In dieser Phase läßt sich nur eine Reihe von Lehmklümpchen unterscheiden, die in 5–10 cm und einigen cm Höhe an der Wand angeklebt sind. Langsamste Phase des Nestbaus, die gewöhnlich mehrere Tage lang dauert.

(2) Boden der Mulde. Der Nestbau steht von der Wand 3–5 cm ab und beginnt sich am Rand aufwärts zu wölben — manchmal kann das Nest aber oben ganz flach sein. Gelegentlich habe ich beobachtet, daß die Vögel bereits in dieser Phase im Nest übernachten, obwohl es gar nicht so leicht ist, sich darin festzuhalten. Der eine Partner hing auch nur mit den Füßen fest und stützte sich mit dem Schwanz außerhalb vom Nest an die Wand. Diese Phase dauert etwa zwei Tage.

(3) Flache Mulde. In der Mitte des Bauwerks ist nun eine deutliche Vertiefung. Gewöhnlich übernachten die Vögel von diesem Stadium an regelmäßig im Nest. Der an der Wand befindliche Nestwall wird nun höher gemauert als der Vorderrand, und die ganze Arbeit geht in rascherem Tempo vor sich; Dauer etwa drei Tage.

(4) Nest ohne Flugloch. Rascheste Phase der Bauarbeit, die etwa einen Tag dauert. Der hintere Nestrand wird bis zum Dach gemauert, aber der vordere Rand kann noch mehrere cm davon entfernt sein. Oftmals werden schon in diesem Stadium die Eier gelegt.

(5) Fertiges Nest. — Vor der Fertigstellung wird die Bautätigkeit noch einmal langsamer, und bis zum Ausgang dieser letzten Phase vergehen etwa zwei Tage, aber auch noch später werden am Flugloch manchmal noch ein paar Lehmklümpchen angebracht.

Die Größe des fertigen Nestes der Mehlschwalbe kann recht unterschiedlich sein, da sie vom Nestplatz abhängig ist. Da die Autoren für die Maße voneinander abweichende Bezeichnungen verwendeten, habe ich letztere für die Darstellung in Tabelle 10 vereinheitlicht (vgl. hierzu Abb. 31).

Für die Fluglochgröße, die hauptsächlich in der Breite stark variieren kann, existieren ebenfalls Meßdaten. Bei den 5 Nestern, die LIND (1960) vermaß, betrug die Höhe durchschnittlich 2,4 (2,2–2,5) cm. BALÁT (1973) stellte in der Slowakei 2,3–2,6 cm fest. Verf. erzielte bei seinen Messungen in der Groß Särchener Kolonie einen Durchschnittswert von 2,5 (2,0–3,5) cm für die Höhe des Flugloches. Die entsprechenden Breitenabmessungen betrugen nach LIND 6,6 (5,2–9,2) cm; Verf. maß (n = 113) 5,9 (3,0–10,0) cm.

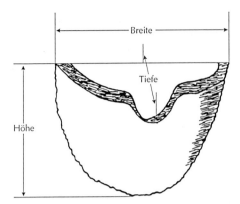

Abb. 31: Maßbezeichnungen für Mehlschwalbennester.

Tab. 10: Mittelwerte für wichtige Maße des Mehlschwalbennestes. Maße in cm.

Autor	Land	Anzahl	Breite	Höhe	Tiefe
LIND (1960)	Finnland	5	17,8 (13,5–20,0)	14,3 (13,0–18,0)	10,6 (8,5–12,5)
JORDANIA (1958)	Rußland	?	15	8	9–12
MENZEL (unpubl.)	Ostdeutschland	30	17,0 (14,0–20,0	10,8 (7,0–16,0)	12,5 (10,0–15,0

Die Nestwandstärke beträgt am Nestboden etwa 3 cm und verringert sich im oberen Teil der Nestwand bis auf ungefähr 1 cm.

15 freistehende Mehlschwalbennester wogen im trockenen Zustand im Durchschnitt 465 (248–640) g.

Anormale Mehlschwalbennester finden wir vor, wenn das angebrachte Nestbrettchen zu weit oben, also zu nahe an der Decke, angebracht ist. Hier kann von den Mehlschwalben nur ein flaches Nest gebaut werden, das dann meistens entsprechend breiter ist. LIND (1960) fand einmal ein 5 × 30 cm großes Nest an so einem Platz. Dagegen muß die Schwalbe ein ungewöhnlich hohes Nest bauen, wenn das Brettchen zu niedrig angenagelt ist, da das Flugloch direkt unter der Decke sein muß. LIND wies unter solchen Umständen ein 22 cm hohes Nest nach.

Für die Auspolsterung des Nestes werden von der Mehlschwalbe anfangs Grashalme, kleine Wurzeln, Moos, das auf Dachziegeln gesammelt wird, und auch kleine Strohhalme, die, wie ich beobachten konnte, bei einem Nest noch zum Teil heraushingen, verwendet. Weiter werden kleinere Federn (größtenteils in ländlichen Gegenden von den Hühnerhöfen) zur Auspolsterung des Nestes verwendet. Weiter bedient sich diese Vogelart Fädchen, Watte, Heu oder ähnlichen Materials, das nach LIND mit großem Eifer aus sogar 800 m Entfernung zum Nest getragen wird. LÖHRL (1954) fand in einem Kunstnest Fichtennadeln, die als Nestmaterial eingetragen wurden. KUMERLOEVE (1964) konnte in der Türkei beobachten, daß Mehlschwalben mehrere nahe am Flußufer stehende hohe Pappeln (*Populus* spec.) beharrlich umflogen und den teilweise reichlich entwickelten weißlichen »Filz« abzupflücken bemüht waren. Manche Mehlschwalben trugen dann ganze weiße Wattebäusche des Samens weg, um denselben zum Nestbau zu verwenden.

Zur Beteiligung des Paares am Nestbau wäre zu sagen, daß sich beide Partner zu etwa gleichen Teilen betätigen. Nach LIND (1960) ist das ♂ anfangs »viel aktiver bei der Arbeit, und nicht selten fängt es auch allein mit dem Nestbau an«. Der Bautrieb beim ♀ wird vom Trieb des Eierlegens abgelöst. Eine Ausbesserung des Nestes wird von den Mehlschwalben nur bis zu einer bestimmten Zeit durchgeführt, nämlich nur so lange, bis die Flügelfedern bei den Jungen anfangen zu wachsen. In Luxemburg wies DUPONT (1983) ein Mehlschwalbennest nach, welches wesentlich von der üblichen Bauart abwich, da es halbkugelförmig und oben auf der ganzen Breite offen war, wie ein Rauchschwalbennest. Über lehmtragende Jungvögel sowie »Beteiligung« eines Nestlings bei der Ausbesserung eines Nestes berichten SIMMONS (1949), BRYANT (1984) sowie FLETCHER (1984).

Abschließend möchte ich noch über zwei besondere Verhaltensweisen von Mehlschwalben berichten: Nach SCHACHT (1877) stürzte ein Mehlschwalbennest, welches an einem vorstehenden Balkon gebaut worden war, mit den halberwachsenen Jungen herab. Da die Brut unbeschädigt geblieben war, nahm SCHACHT ein kleines hölzernes Vogelbauer, setzte die Jungen hinein und hing den Käfig am Hause auf. Zum Durchgang für die Altvögel wurden seitwärts zwei Sprossen entfernt. Nach einigen Tagen hatten die Altvögel das Bauer von allen Seiten mit Lehm verbaut und somit wieder eine geschützte Brutstätte für die Jungen geschaffen. Eine weitere Beobachtung dieser Art machte PESSON (1954) an einem Mehlschwalbenpaar, das um ihre nach Zerstörung des Nestes in einem Drahtkörbchen untergebrachten Jungen herum ein Ersatznest baute.

Die Tatsache, daß Mehlschwalben unempfindlich auf Nestveränderungen reagieren, wenn die Jungen mindestens etwa 12 Tage alt sind, nutzte HUND (brfl.) vielfach aus: Das Naturnest wird durch ein Kunstnest ersetzt, um so Jung- und Altvögel problemlos beringen zu können.

7.5   Nest- und Brutparasitismus

Die Mehlschwalbe benutzt wohl nur in seltenen Fällen die Nester anderer Vogelarten sowie die Anfänge fremder verlassener Nester. Mitunter werden aber verlassene oder besetzte Nester von Rauchschwalben und Felsenschwalben (*Ptyonoprogne rupestris*) angenommen und ausgebaut (v. VIETINGHOFF–RIESCH 1955, GLUTZ 1962). RADETZKY berichtete von der Besetzung eines Rauchschwalbennestes durch Mehlschwalben (vgl. v. VIETINGHOFF–RIESCH 1955). Die Rauchschwalbe gab hier nicht gleich auf, sondern verteidigte ihr Nest, das in einem Korridor stand, drei Tage heftig, ehe sie es verließ und die Mehlschwalbe den begonnenen Bau zubaute. Bedeutend öfters kommt es jedoch vor, daß andere Vogelarten sich der Mehlschwalbennester bemächtigen. Nach meinen Kenntnissen handelt es sich dabei um folgende Arten:

(1)   Blaumeise (*Parus caeruleus*) — GLUTZ (1962), HUND (brfl.), MANSFELD (1960), SCHERNER (1975).

(2)   Feldsperling (*Passer montanus*) — BODENSTEIN (1961), HUND (brfl.), NANKINOV (1984).

(3) Gartenbaumläufer (*Certhia brachydactyla*) — HUND (brfl.), KETTERING (1973).

(4) Gartenrotschwanz (*Phoenicurus phoenicurus*) — LABISCH (1960).

(5) Hausrotschwanz (*Phoenicurus ochruros*) — GLUTZ (1962), HEDRICH (1926), MEIER (brfl.), MENZEL (1976), TSCHUSI ZU SCHMIDHOFFEN (nach FLOERICKE 1892).

(6) Haussperling (*Passer domesticus*) — BALÁT (1973), BODENSTEIN (1961), BOYD (1936), BUB (1964), DEGEN et al. (1977), FISCHER (1976), GLUTZ (1962), GRÜN (in v. KNORRE et al. 1986), HEER (1972), HUND brfl., JORDANIA (1958), KINZEL & MEWES (1988), LANCUM (1948), LIND (1962), KEIL (1984), MARÉCHAL (1986), NANKINOV (1984), RENDELL (1945), SCHÖNFELD (1975), TAYLOR (1945), TEIDEMAN (1946), WEBER (1973) und Verfasser (unpubl.).

(7) Italiensperling (*Passer domesticus italiae*) — SCHÖLZEL (1968).

(8) Kohlmeise (*Parus major*) — HUND (brfl.)

(9) Mauersegler *(Apus apus)* — BAIER (1977), HEER (1974), KEIL (1984), KINZEL & MEWES (1988), KUMERLOEVE (1957), MAKATSCH (1953), NIETHAMMER (1938), PRICE (1888), WENDT (1988), siehe Abbildung 32.

(10) Weidensperling (*Passer hispaniolensis*) — NANKINOV (1984), STEINBACH (1961).

(11) Zaunkönig (*Troglodytes troglodytes*) — ARMSTRONG (1955), HOERTLER (1934), HUND (brfl.), KETTERING (1973.)

(12) Grauschnäpper (*Muscicapa striata*) — STEGEMANN (1980), siehe Abbildung 33.

(13) Haustaube (*Columba livia*) — LIND (1962).

Bei der Blaumeise, die nach MANSFELD (1960) ein Mehlschwalbennest als Brutplatz benutzte, flogen nur drei Junge aus. Hier ist es möglich, »daß Eier in der Zeit der Eiablage durch Kämpfe mit den ihr Nest verteidigenden Mehlschwalben verlorengegangen sind«. Nach dem Ausfliegen der Meisenbrut wurde das Nest sofort wieder von Mehlschwalben bezogen.

Der Feldsperling scheint, wie aus den Angaben in der Literatur hervorgeht, nicht so oft Mehlschwalbennester zu benutzen wie der Haussperling. Letzteren, der oft an Gebäuden nistet, traf ich meist in den Randnestern der Brutkolonien der Mehlschwalben als Brutvogel an. Vor allen Dingen benutzt der Haussperling die natürlichen Nester — bei Kunstnestern ist das Einflugloch zu eng — im Winter zum Übernachten. In einigen Fällen, NAUMANN (1901), BENT (1942), VIETINGHOFF–RIESCH (1955) nach STADLER, wird berichtet, daß Mehlschwalben Sperlinge, die in ihr Nest eingedrungen waren, einmauerten. WEBER (1973) berichtet, daß zu den Brutvögeln in Serrahn, die den Lebensraum mit dem Haussperling teilen müssen, auch die Mehlschwalbe gehört. Bis zum Jahre 1956 zählte die Mehlschwalbenkolonie in Serrahn 60 bis 70 Brutpaare. 1958 waren es nur noch 40 und 1959 27 Brutpaare. Bis 1966 vernichtete der Haussperling die gesamte Mehlschwalbenkolonie nahezu restlos. Es brütete nur noch ein Mehlschwalbenpaar gegenüber 23 Sperlingspaaren, die zu 70 % Mehlschwalbennester benutzten. Nach Kurzhaltung des Haussperlingsbestandes ab 1967 setzte wieder ein sprunghaftes Ansteigen der Kolonie ein. Es brüteten 1967 und 1968 bereits wieder 30 bzw. 46 Mehlschwalbenpaare gegenüber je einem Haussperlingspaar. 1970 stieg bei völliger Ausschaltung des Haussperlings als Brutvogel in Serrahn die Mehlschwalbenkolonie auf 52 Brutpaare an.

Abb. 32: Mauersegler *(Apus apus)* brütet im Mehlschwalbennest. Foto: HEINE (aus HEER 1974).

Abb. 33: Brut eines Grauschnäppers (*Muscicapa striata*) im Mehlschwalbennest. Foto: K.–D. STEGEMANN.

Beobachtungen ähnlicher Art machten auch SUMMERS–SMITH & LEWIS (1953) sowie LIND (1962). In Nordtirol wurde an den einsam stehenden Rofenhöfen eine Kolonie von rund 10 Nestern restlos vom Haussperling besetzt, dort brüten keine Schwalben mehr (LÖHRL brfl.). Dagegen stellte in der Slowakei nach BALÁT (1973) in einer Mehlschwalbenkolonie das Besetzen der Nester durch den Haussperling »keine ernste Bedrohung« dar.

Die erfolgreichen Bruten von Zaunkönig und Gartenbaumläufer fand KETTERING (1973) in Schwegler–Mehlschwalbenkunstnestern. Weiter benutzte die erste Art natürliche Mehlschwalbennester auch zum Übernachten sowie nach ARMSTRONG (1955) und HOERTLER (1934) zum Nisten. So wurden nach WITHERBY et al. (1949) und ARMSTRONG (1955) in Großbritannien bis zu 30 oder mehr Exemplare in einem Nest festgestellt. Bis zu 10 Zaunkönige wies PETERS (1961) in einem Nest der Mehlschwalbe in Österreich nach.

Den Italiensperling wies SCHÖLZEL (1968) auf Korsika und den Weidensperling STEINBACH (1961) auf Sardinien in Mehlschwalbennestern nach.

Das Abwehrverhalten eines Mehlschwalbenpaares gegenüber Mauerseglern während des Nestbaus schildert BAIER (1977) wie folgt: »Der erste Angriff der Mauersegler erfolgte gleich zu Beginn des Nestbaus, und zwar flogen die Segler ganz nahe an die bauenden Schwalben heran und dies mit hoher Geschwindigkeit, wohl um diese aus der Wand zu werfen. Diese Angriffe wurden immer intensiver, je mehr der Nestbau fortschritt. Am 14. 6. griffen die zwei Segler erneut an. Interessant ist nun, daß an diesem Tag eine der Schwalben im Nest sitzen blieb, bis die andere mit neuem Baumaterial zurückkam. So konnten die Segler nicht auf dem Nest landen. Daraufhin hängte sich einer der Segler etwa 2 m unterhalb an die Mauer und äugte zum Nest hinauf. Daraufhin wurde er sogleich von der sich in der Luft befindlichen Schwalbe angeflogen und vertrieben. Andere Schwalben, die dort herumflogen, griffen nun auch die Segler an, und verfolgten sie. Sie bildeten in den nächsten Tagen eine Art lebenden Schirm um das Nest, unter dem der Bau vollendet wurde. Einige standen immer rüttelnd vor dem Nest, so daß es die Segler nicht anfliegen konnten. Die Segler griffen die Mehlschwalben auch noch an, als sich bereits Junge im Nest befanden«. Nach Vollendung des Nestbaues machten auch andere Mehlschwalben den Versuch, in den Besitz desselben zu gelangen. Nach HEER (1974) benutzte ein Mauerseglerpaar ein Mehlschwalbennest mit einem stark vergrößerten Einflugloch, von dem es eine Verbindung zum zweiten, unmittelbar daneben stehenden Nest hatte, in dem sich die zwei Jungen befanden (vgl. Abb. 32).

Nach LIND (1962) vertrieb in einem Fall die Haustaube beim Nisten an derselben Stelle die Mehlschwalben.

STREMKE (mdl.) und HUND (brfl.) fanden im Nordostdeutschland bzw. in Oberschwaben auch Fledermäuse in Mehlschwalbennestern vor.

Nach MAKATSCH (1955) wurde die Mehlschwalbe auch als Kuckuckswirt (*Cuculus canorus*) nachgewiesen. Das Gelege, welches in Finnland gefunden wurde, befindet sich nach WASENIUS in der Sammlung der Universität Helsingfors. MALCHEVSKY (1960) hat in der ehemaligen Sowjetunion die Eiablage des Kuckucks im Mehlschwalbennest beobachtet, und das Junge wurde dort aufgezogen.

7.6 Gemeinsame Brutkolonien

Kolonien, in denen neben der Mehlschwalbe auch noch andere Vogelarten brüten, kommen nicht sehr häufig vor. Hierbei ist allerdings zu bedenken, daß es sich wie im vorigen Abschnitt zum Teil auch um Nestparasitismus handeln wird. SCHÖNFELD (1972) fand in Weißenfels–West 1968 eine kleine Kolonie, in der Mehlschwalbe und Rauchschwalbe gemeinsam brüteten. Diese beiden Vogelarten stellte auch KAISER (1961) gemeinsam als Brutvogel unter einer Toreinfahrt fest, und auch in Mazedonien brütet die Mehlschwalbe oft mit der Rauchschwalbe zusammen (MAKATSCH 1950). In Südtirol brüteten an sieben Stellen nach NIEDERFRINIGER (1971) sowohl Felsenschwalben als auch Mehlschwalben, und in der Schweiz im Oberwallis an einer kleinen Kapelle fand HUNZIKER–LÜTHY (1971) ebenfalls diese beiden Vogelarten in einer Kolonie vereint. Weitere Brutkolonien, in denen Felsen- und Mehlschwalben gemeinsam brüteten, wiesen u. a. auch BLATTI (1947), HAINARD (1935), HESS (1919), LANZ (1947), MURR (1936), STRAHM (1953) und SUTER & KUNZ (1956) nach. In Sizilien brüteten nach MEBS (1957) unter Felsenüberhängen in Gemeinschaft mit Mehlschwalben Felsenschwalben, Mauersegler, Steinsperlinge und Einfarbstare (*Sturnus unicolor*). FISCHER (1976) sah im Kaukasus die Mehlschwalben in großer Zahl an Felswänden gemeinsam mit Seglern (*Apus* spec.) brüten. Ebenso brütet in der Schweiz nach GLUTZ (1962) der Alpensegler (*Apus melba*) gemeinsam mit der Mehlschwalbe in Felsenkolonien. Weiter kann am selben Gebäude, Felsen oder Abhang die Mehlschwalbe noch mit folgenden Arten zusammen nisten: Rötel- und Uferschwalbe, Haus-, Feld- und Weidensperling, Star, Tannen-, Kohl- und Blaumeise, Mauerläufer, Gartenbaumläufer, Grauschnäpper, Zaunkönig, Dohle, Felsen- oder Straßentaube, Schleiereule, Turmfalke, Steinadler usw. (HUND & PRINZINGER in GLUTZ & BAUER 1985).

7.7 Das Ei

7.7.1 Färbung und Abmessungen

Die leicht glänzenden reinweißen Eier der Mehlschwalbe haben eine ovale bis langovale Gestalt. Nur ausnahmsweise sind nach MAKATSCH (1976) und SCHÖNWETTER (1967) Eier mit vereinzelten blassen rötlichen Fleckchen versehen. Nach FORREST (1934) legte in Großbritannien eine Mehlschwalbe wiederholt rötlich gefleckte Eier, was jedoch auch dort nicht häufig vorkommt. Was manchmal als Fleckung bezeichnet wird (s. Abb. 34), ist meist nichts anderes als eine dunkle Ausscheidung der Mehlschwalben–Lausfliege, die nicht selten in den Nestern vorkommt (vgl. Kap. 12). In Tabelle 11 sind nach einigen Autoren die Eimaße der Mehlschwalbe aufgeführt.

Wie aus Tabelle 11 ersichtlich ist, sind die in Großbritannien gemessenen Eier deutlich größer als in den übrigen Gebieten.

HUND (brfl.) konnte ein Spar- oder Zwergei in Oberschwaben nachweisen, welches 13,2 × 9,9 mm groß war. 1980 fand er ein doppeldottriges Ei mit den Maßen 21,9 × 13,7 mm sowie ein extrem langes: 25,0 × 12,0 mm. LIND (1960) wies ein wesentlich kleineres Sparei in Finnland nach. Es hatte nur eine Größe von 5 × 7 mm.

Abb. 34: Links: Normalgelege der Mehlschwalbe. Foto: R. SCHIPKE. Rechts: taubes Ei der ersten Brut (unten) und zwei Eier der Zweitbrut. Foto: H. LÖHRL.

Tab. 11: Eimaße (mm) der Mehlschwalbe.

Anzahl Eier	Durchschnittsmaße	Autor / Land
639	18,96 × 13,11 (15,7–22,0 × 11,1–14,4)	HUND & PRINZINGER (brfl.) Oberschwaben
100	19,42 × 13,88 (16,7–21,6 × 12,0–14,7)	WITHERBY et al. (1938) Großbritannien
20	20,3 × 13,6	BRYANT (1975) / Schottland
55	18,93 × 13,24 (17,5–20,5 × 12,0–13,8)	MAKATSCH (1976) Mittel- und Südosteuropa
53	18,30 × 13,20 (16,7–20,5 × 12,0–14,2)	REY (1912)
113	18,71 × 13,23	RHEINWALD (1979) / Voreifel
250	19,0 × 13,3 (16,6–22,0 × 12,0–14,7)	SCHÖNWETTER (1967)
40	18,1 × 13,1	NIETHAMMER (1937) / Deutschland

Das Frischvollgewicht des Mehlschwalbeneies beträgt nach MAKATSCH (1976), HUND & PRINZINGER (1979) sowie SCHÖNWETTER (1967) 1,71, 1,73 bzw. 1,75 g. BRYANT (1975) gibt das Frischvollgewicht bei Erstbruten mit 1,68 g ± 0,22 g und bei Zweitbruten mit 1,64 ± 0,21 g an. Nach PRINZINGER et al. (1979) sinkt das Gewicht während der Bebrütung bei befruchteten Eiern um durchschnittlich 0,27 g (= 15,4 %) und bei unbefruchteten Eiern um durchschnittlich 0,18 g (= 9,3 %). Das durchschnittliche Schalengewicht beträgt nach SCHÖNWETTER (1967) 0,100, nach MAKATSCH (1976) 0,102, nach REY (1912) 0,075 und nach HUND & PRINZINGER (1979) 0,090 g. Die Schalendicke gibt SCHÖNWETTER (1967) mit 0,075 mm und den prozentualen Anteil der trockenen Eischale zum Gewicht des frischvollen Eies mit 5,7 % an. Von 113 Eiern ermittelte RHEINWALD (1979) ein durchschnittliches Volumen von 1,718 cm^3.

7.7.2 Gelegegröße

Nach NIETHAMMER (1937) bestehen die Vollgelege der Mehlschwalbe aus 4 bis 5 Eiern. MAKATSCH (1976) schreibt, daß die Gelege meist aus 5, weniger häufig aus 4 und selten auch aus 6 Eiern bestehen. In Tabelle 12 sind die Vollgelege der Mehlschwalbe aus einigen Gebieten dargestellt.

Tab. 12: Vollgelege der Mehlschwalbe aus einigen Gebieten. n = Anzahl der Gelege, Ø = Durchschnittliche Gelegegröße.

Untersuchungsgebiet Autor	Anzahl der Vollgelege							n	Ø
	1	2	3	4	5	6	7		
Luxemburg / HULTEN & WASSENICH (1960/61)	–	4	11	22	9	–	–	46	3,78
Schweiz / GLUTZ (1962)	–	13	94	100	114	7	–	328	4,02
Ehem. ČSSR / BALÁT (1974)	1	6	57	94	37	2	–	197	3,84
Nordrhein-Westfalen RHEINWALD (1979)	–	50	243	326	144	7	–	770	3,76
Oberschwaben HUND & PRINZINGER (brfl.)	–	48	279	527	504	78	5	1 441	4,21
Finnland / LIND (1960)	–	1	12	30	29	3	1	76	4,32
Oberlausitz MENZEL (unpubl.)	–	3	20	65	15	–	–	103	3,89
Gelegezahl	1	125	716	1 164	852	97	6	2 961	4,03
Anteil (%)	0,03	4,22	24,18	39,31	28,77	3,28	0,20	100	–

Die Gelegegröße nimmt mit fortschreitender Jahreszeit ab, wie KLOMP (1970) für 29 Singvogelarten nachgewiesen hat. Für die Mehlschwalbe trifft das nach LIND (1960), HUND & PRINZINGER (1979), RHEINWALD (1979), BRYANT (1975) sowie nach eigenen Beobachtungen auch zu. Nach HUND (1976) z. B. betrug der Mittelwert bei 111 Vollgelegen der Erstbrut — darunter sind alle Bruten mit Legebeginn bis zur letzten Junidekade zu verstehen — 4,41 Eier. Dagegen enthielten 113 Zweitbruten im Schnitt nur 3,28 Eier. Sichere Erst- und Zweitgelegeeizahlen ermittelten HUND & PRINZINGER (1979) in Oberschwaben (Tab. 13). Auch die Ergebnisse von RHEINWALD (1979) sind ähnlich, denn er ermittelte im Raum von Bonn bei 448 Gelegen einen Durchschnitt von 3,22 Eiern. In Schottland kam BRYANT (1975) bei 69 Gelegen der ersten Brut auf einen Durchschnitt von 3,57 und bei der zweiten Brut (60 Gelege) auf ein Mittel von 2,95 Eiern. Ähnlich war es auch in der Oberlausitz, denn hier betrug der Gelegedurchschnitt bei den Brutpaaren von 87 Erstbruten 4,20 und der

von 16 Zweitbruten 3,44 Eier. In der Schweiz enthalten nach GLUTZ (1962) 96 Voll-
gelege vom Mai 4,75, 129 vom Juni 4,18, 78 vom Juli 3,21 und 25 vom August 3,00
Eier im Durchschnitt. Nach MÖLLER (1974) hatten in Dänemark 37 Gelege einen
Durchschnitt von 3,80 Eiern, und WITHERBY et al. (1949) geben die Gelegegröße für
Großbritannien mit 4 bis 5 Eiern an.

Tab. 13: Vergleich der Gelegegröße sicherer Erst- und Zweitbruten aus Oberschwaben. Nach
HUND & PRINZIGER (1979) und briefl. n = Anzahl der Gelege, ∅ = durchschnittliche Größe

Jahr	Eizahl						n	∅
	2	3	4	5	6	7		
Erstgelege								
1976	2	4	8	11	2	–	27	4,3
1977	–	–	17	48	10	3	75	4,9
1978	–	3	25	40	10	–	81	4,8
1979	–	3	35	56	3	–	97	4,6
Zweitgelege								
1976	4	17	5	1	–	–	27	3,1
1977	7	31	27	1	–	–	66	3,3
1978	4	36	32	–	–	–	72	3,4
1979	6	40	27	–	–	–	73	3,3

Bei den kleinen Vollgelegen, vor allem bei den Einergelegen, ist stark anzunehmen,
daß weitere Eier verlegt oder hinausgescharrt wurden (HUND 1976). Nach LÖHRL
(1964) sind einzelne Eier, die wir in unbesetzten Nestern der Mehlschwalbe vorfinden, verlegt, und es handelt sich hierbei um eine ziemlich regelmäßige Erscheinung. Ein bebrütetes Neunergelege, das HUND (1976) am 9. 7. 1975 fand, stammt
mit Sicherheit von zwei ♀, da 5 Eier mit einheitlicher, aber deutlich anderer Eiform
als die der 4 anderen offensichtlich länger bebrütet waren. Zwei Neunergelege fand
auch LINDORFER (1970) in Oberösterreich.

Nach LIND (1960) ist die Gelegegröße auch davon abhängig, ob sich die Mehlschwalbe im Frühjahr erst ein neues Nest bauen muß oder ob sie ein altes bezieht.
Durch den Nestbau tritt eine Verspätung des Legebeginns ein, was sich auf die
Gelegegröße auswirkt. Am Beispiel von 54 diesbezüglich kontrollierten Gelegen
weist LIND dies nach. Trotz des geringen Materials ist ersichtlich, daß die Gelege
der Brutpaare, die alte Nester beziehen konnten, größer (4–5) und die der Paare,
die ein neues Nest bauen mußten, kleiner (3–4) sind.

Warum bringen Mehlschwalben in den später neu gebauten Nestern keine Gelege
von durchschnittlicher Größe hervor? Nach LIND könnte hierbei die Arbeitsleistung
beim Bau des Nestes von ausschlaggebender Bedeutung sein. Er schreibt dazu
folgendes: »An den neuen Nestern haben die Vögel im Vergleich zur Arbeit an
alten Nestern etwa das 4,5fache zu leisten — durchschnittlich 1 074 gegenüber 236
Lehmklümpchen — was zweifellos den Allgemeinzustand beeinflußt. So ist z. B.
festgestellt worden, daß Trauerschnäpper (*Ficedula hypoleuca*) nach v. HAARTMAN in

der eiligsten Sommerzeit, also wenn die Jungen im Nest sitzen, weitgehend überanstrengt sind, was sich vor allem darin zeigt, daß die Vögel deutlich abmagern. Höchstwahrscheinlich sind auch die Mehlschwalben, aber nur diejenigen, die im Frühjahr ein neues Nest bauen, einer übermäßigen Beanspruchung ausgesetzt und sind daher in schwacher körperlicher Verfassung, weshalb sie keine normalgroßen Gelege zu produzieren vermögen«. Dieser Version möchte HUND (brfl.) aber folgendes entgegenhalten: Der Kalendereffekt der Gelegegröße, also die Reduktion der Eizahl im Verlaufe der Zeit, ist bei den Kunstnesterbruten, wo kein Nestbau erforderlich ist, etwa 0,4 Eier in 10 Tagen (vgl. auch HUND & PRINZINGER 1979). Damit ist der Unterschied von etwa 0,8 Eiern weitgehend erklärt, da ein Nestneubau 8 bis 18 Tage dauert (LIND 1960).

Nach RHEINWALD et al. (1976) legen ♀ der Mehlschwalbe, die ein Alter von zwei Jahren überschritten haben, im Durchschnitt 4,9 Eier, also 0,3 Eier mehr als zweijährige und 0,8 Eier mehr als einjährige ♀. Bei Paaren mit einjährigen ♂ ist zwar auch eine geringere Gelegegröße nachweisbar, sie kommt aber offenbar im wesentlichen durch die bevorzugte Verpaarung mit einjährigen ♀ zustande.

7.7.3 Legebeginn

Die terminlich frühesten Gelege der Mehlschwalbe finden wir in Mitteleuropa ab Mitte Mai vor, doch ist dieser Zeitpunkt sehr von der Witterung abhängig. Der durchschnittliche Legebeginn von 461 Paaren in Kunstnestern, die über sieben Jahre unter Kontrolle gehalten wurden, war nach RHEINWALD (1979) unweit von Bonn bei der ersten Brut der 5. Juni ± 12 Tage und bei der zweiten Brut der 25. Juli ± 12 Tage. Von den 1 190 kontrollierten Gelegen in den Jahren 1971 bis 1978 ermittelten HUND & PRINZINGER (1979) den mittleren Legebeginn der ersten Brut mit dem 2. Juni ± 10 Tage und den der zweiten Brut mit dem 22. Juli ± 10 Tage (vgl. Abb. 35). CREUTZ (1952) ermittelte in einer Zeitspanne von 14 Jahren bei Dresden den 19. Juni als durchschnittlichen Legebeginn der ersten Brut. Die Verschiebung des Legetermins ist wohl darauf zurückzuführen, daß die Mehlschwalben hier in natürlichen Nestern zur Brut schritten, deren aufwendiger Bau eine Zeitverschiebung zur Folge hat. In der Schweiz ist nach V. GUNTEN der früheste Legebeginn der 6. Mai. Im

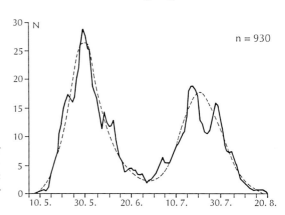

Abb. 35: Zeitliche Verteilung der Legebeginne in den Jahren 1976–77. Kurve geglättet, gestrichelt: Idealkurve. Nach HUND & PRINZINGER (1979).

allgemeinen erfolgt die Ablage der ersten Eier aber im letzten Maidrittel (GLUTZ 1962). In England beginnen die Mehlschwalben nach BANNERMAN (1954) überwiegend erst im Juni mit der Eiablage, nur einzelne Paare haben dort im Mai ein Gelege. Für Schottland gibt BRYANT (1975) den mittleren Legebeginn der ersten Brut mit dem 29. Mai ± 11 Tage an. Für Paare, die nur eine Brut hatten, ermittelte BRYANT im Durchschnitt den 28. Juni ± 14 Tage. Ende März oder im April beginnen die Mehlschwalben in Nordafrika mit der Eiablage. In Lappland werden die Gelege erst Mitte Juni gezeitigt (TURNER 1989).

Bei erster wie zweiter Brut legen einjährige ♀ später als mehrjährige ♀. Die Mehlschwalben verpaaren sich bevorzugt in ihrer eigenen Altersklasse, was vermutlich mit den unterschiedlichen Rückkehrterminen aus den Winterquartieren zusammenhängt (HUND & PRINZINGER 1985).

7.7.4 Eiablage

Bei einer Kontrolle in der Kolonie in Groß Särchen, die ich um 7.00 Uhr durchführte, hatten alle ♀ bereits gelegt. Auch HUND & PRINZINGER (1979) ermittelten bei zehn Kontrollen, daß die Eier vor 6.10 Uhr gelegt worden waren. Nach LIND (1960), der in Finnland diesbezügliche Untersuchungen vornahm, wurden die meisten Eier in einer Kolonie etwa gegen 5.00 Uhr und in einer anderen erst gegen 8.00 Uhr gelegt. Hierbei ist aber zu berücksichtigen, daß bei den hochnordischen Populationen die Tage wesentlich länger sind und somit kaum Vergleichsmöglichkeiten für Gebiete in Mitteleuropa bestehen.

Die meisten Mehlschwalben legen innerhalb von 24 Stunden ein Ei. Daß während dieser Zeitspanne zwei Eier gelegt werden, kommt nur ausnahmsweise vor. LIND beobachtete in zwei Fällen, daß Pausen von 1 und 2 Tagen bei der Eiablage eingehalten wurden. Hierbei bestand aber das Vollgelege in beiden Fällen nur aus 3 Eiern, und es handelt sich um ungewöhnlich späte Gelege.

Während bei mancher Vogelart bei plötzlich einsetzender kalter Witterung die Eiablage unterbrochen wird, konnte LIND bei der Mehlschwalbe nichts Entsprechendes beobachten. Schwalben, die mit der Eiablage begonnen hatten, setzten ihr Legegeschäft täglich fort. Bei den ♀, die noch nicht mit der Eiablage angefangen hatten, verzögerte sich der Beginn des Legens bei schlechter Witterung.

Nach HUND & PRINZINGER (1979) kamen aber 1976 und 1977 bei insgesamt 264 Eiern 25 Abweichungen gegenüber der täglichen Eiablage vor. Zur Ablage von 264 Eiern wurden 289 Tage gebraucht. Folgende Legeabstände zwischen 2 Eiern registrierten HUND & PRINZINGER (1979): »249mal 1 Tag, 10mal 2 Tage, 3mal 3 Tage, 1mal 5 Tage und 1mal 6 Tage. Bei den genauer bekannten Fällen lag die Legepause 6mal zwischen dem 1. und 2. Ei, 2mal zwischen dem 2. und 3. Ei und 3mal zwischen dem 1. und 3. Ei. 1978 wurde nur einmal Ende Mai innerhalb von 3 Tagen kontrolliert und dies nur in einem Ort. Aber aufgrund des sehr schlechten Wetters unterbrachen alle 7 Paare, die bei der Eiablage waren, das Legen: 6 Paare für mindestens 3 und ein Paar für mindestens 2 Tage«. BRYANT (1975, 1979) stellte tägliche Eiablage fest, registrierte aber, als Futter knapp wurde, eintägige Legepausen bei allen 4 angefangenen Gelegen. Er stellte weiter fest, daß Legepausen bei über 20 % der Fälle vorkommen. »Bei schlechtem Wetter wird also offensichtlich nur die Legezeit, aber nicht die Eizahl reduziert, wie 1978 ganz überzeugend zeigt« (HUND & PRINZINGER). In manchen Fällen legen die Mehlschwalben ihre Eier auch schon in halbfertige Nester. LIND glaubt, daß das Eierlegen der anderen Schwalben in einer Kolonie »offenbar ansteckend auf die späten Brutpaare« wirkte. Im allgemeinen beginnen aber die Mehlschwalben mit der Eiablage innerhalb einer Woche nach Fertigstellung des Nestwalls. LIND gibt eine Zeitspanne von 1 bis 10 Tagen dafür an. In der Zwischenzeit wird das Nest mit Niststoffen ausgefüttert.

7.7.5 Bebrütung

Bei der Mehlschwalbe beteiligen sich an der Bebrütung des Geleges ♀ und ♂. Nach HUND & PRINZINGER (1979) sitzen Mehlschwalben bereits ab dem ersten Ei, wenngleich mit vielen Unterbrechungen. Das feste, intensive Brüten beginnt »aber erst nach Ablage der letzten Eier, meist nach dem vorletzten Ei oder nach Beendigung des Vollgeleges«. LIND (1960) machte bei finnischen Mehlschwalben ebenfalls diese Feststellung (Abb. 36). Eine Erklärungsmöglichkeit für das »Vorbrüten« könnte nach HUND & PRINZINGER (1979) sein, »daß dieses eine Reizeinstimmung für den künftigen Brutakt ist, der ja eine ganz drastische Verhaltensänderung beim Vogel bewirkt. Denn besonders bei der Zweitbrut, wenn schon Nistmaterial vorhanden ist, sind die Eier während der Legephase häufig im Nistmaterial eingescharrt und halb zugedeckt. Außerdem fühlen sie sich meist nur »halbwarm« oder auch kalt an, obwohl öfters sogar beide Altvögel im Nest angetroffen wurden«.

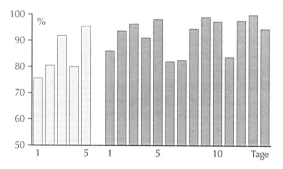

Abb. 36: Durchschnittliche tägliche Bebrütungszeiten (in % der Stunden) von sechs Mehlschwalbenpaaren. 1–5 Legetage (hell gerastert), 1–14 eigentliche Brütetage (dunkel gerastert). Nach LIND (1960).

BANNERMAN (1954) und WITHERBY et al. (1938) geben für Großbritannien eine Brutdauer von 14 bis 15 Tagen an. Genauere Angaben macht BRYANT (1975) mit 14,6 ± 1,1 Tagen. In Finnland dauert die Bebrütung des Geleges nach LIND (1960) 15,5 ± 1,2 Tage. Für Deutschland geben NIETHAMMER (1937) sowie BERNDT & MEISE (1960) 12 bis 13 (max. 17) Tage an. Diesen Angaben, die wohl meist nur allgemein gehalten sind, können genauere Daten gegenübergestellt werden. In einem Untersuchungsgebiet bei Bonn ermittelte RHEINWALD (1979) bei 62 Brutpaaren eine Brutdauer von 14,2 ± 1,2 Tagen. GLUTZ (1962) gibt die Bebrütungszeit des Geleges der Mehlschwalbe mit 17 bis 20 Tagen an. HUND (1976) ermittelte für das oberschwäbische Gebiet die Brutdauer von 25 Bruten mit durchschnittlich 15,3 Tagen (mögliche Schwankung zwischen 15,2 und 15,9 Tagen). Ein Dreiergelege, bei dem zwei Eier

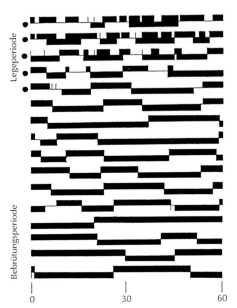

Abb. 37: Typische Bebrütungsperiode der Mehlschwalbe von der Ablage des ersten Eies bis zum Schlüpfen des ersten Jungen. Über der Linie: Sitzungen des ♂, unter der Linie: Sitzungen des ♀. Beobachtungszeit 60 min. Nach LIND (1960).

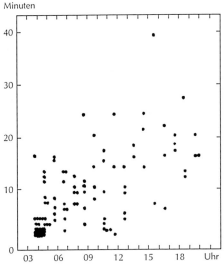

Abb. 38: Dauer der Brutsitzungen (in min.) in Savitaipale (Finnland) am achten Bruttag (10. 6. 1954). Nach LIND (1960).

taub und bei einem der Embryo gestorben war, wurde nach 23,5 Tagen Bebrütung (leider) entfernt. Für das gleiche Gebiet ermittelten einige Jahre später HUND & PRINZINGER (1979) in 74 Fällen eine Brutdauer von 15,1 ± 1,2 Tagen. Die kürzeste Bebrütung dauerte je einmal 11,6 und 12,4 Tage, die längste 19,5 und 22 Tage. Die längste Brutdauer fiel in Schlechtwetterperioden, die demnach eine erhebliche Rolle spielen.

Im Vergleich zu anderen Vogelarten ist nach den genannten Autoren bei der Mehlschwalbe die Variationsbreite der Brutdauer mit acht Tagen (bei einem Mittel von 15,1 Tagen) erstaunlich hoch. Die Differenzen sind möglicherweise auch mit mangelnder Ausdauer beim Brüten zu erklären, worauf HUND (1978) hinwies. Für die Variationsbreite der Brutdauer gibt BRYANT (1975) noch einen weiteren Grund an, denn er schreibt, daß schwere Eier etwas länger als leichte Eier bebrütet werden. Dagegen war die Brutdauer der ersten und zweiten Brut nicht verschieden, und auch das Nahrungsangebot blieb ohne Einfluß auf die Bebrütungszeit.

Eltern mit Gelegen, die kurz vor dem Schlüpfen sind, füttern nach LIND (1964) bisweilen Junge in benachbarten Nestern. Intensives Betteln fremder Junge löst das Füttern leichter aus als mäßiges Betteln der eigenen Jungen. Wie schon erwähnt, beteiligen sich im Normalfall beide Partner am Brüten, nach LIND auch in der Nacht.

Bei Tage sind die beiden Brutpartner fast niemals zur gleichen Zeit im Nest anzutreffen. LIND beobachtete es bei sechs Paaren im ganzen fünfzigmal, daß beide Partner gleichzeitig das Gelege bebrüteten, doch geschah das nur für kurze Zeit, gewöhnlich für 1 bis 5 Minuten (vgl. Abb. 38). Diese Beobachtungen beziehen sich zu 80 % auf die Lege- und zu 20 % auf die Bebrütungszeit. Die Ablösung, die sehr schnell vor sich geht, erfolgt im Nest. Hat ein Partner sehr lange auf dem Gelege gesessen, kommt es nicht selten vor, daß er, sobald er den Ruf des heranfliegenden Partners vernimmt, das Gelege verläßt. Das andere Individuum fliegt dann meistens sofort ins Nest. Am Anfang der Sitzung kümmert der Vogel sich kaum um die Vorgänge in der Umgebung, aber nach einer Weile fängt er an, dann und wann gewissermaßen abwartend aus dem Flugloch zu lugen (LIND 1960). Ist der Brutpartner nicht in Nestnähe, zieht er sich wieder zurück und brütet weiter, bis er abgelöst wird. Zieht sich die Sitzung übermäßig lang hinaus, verläßt der brütende Vogel ohne weiteres das Nest, was bei den Mehlschwalben $\circ$ öfters passiert. Kehrt dagegen der Brutpartner sehr zeitig zurück, verzögert sich die Ablösung etwas, da die brütende Schwalbe meist nicht gewillt ist, sofort das Gelege zu verlassen.

Bei der Ablösung geben die Mehlschwalben Laute von sich, die schon beschrieben wurden. Die Länge der Sitzungen ist sehr unterschiedlich und von vielen verschiedenen Faktoren abhängig. Wie aus der Abbildung 38 zu entnehmen, sind die Sitzungen bei der Mehlschwalbe überwiegend kürzer als 10 Minuten. Über 30 Minuten bleibt allerdings selten ein Exemplar auf dem Gelege. Die Dauer der Sitzungen in den verschiedenen Stadien ist während der Legezeit nach LIND nur ein wenig kürzer als während der Bebrütungszeit. Die längsten sind bei kalter und die kürzesten Sitzungen bei warmer Witterung zu verzeichnen.

Der Anteil der Bebrütung des Geleges bei den beiden Partnern ist unterschiedlich. Während das $\circ$ innerhalb der Legezeit meist Sitzungen < 6 Minuten unternimmt, so sitzt es während der Bebrütungszeit durchaus auch länger auf dem Gelege. Im allgemeinen ist aber die Bebrütung durch das $\circ$ kürzer und unsteter als durch das φ. Bei beiden Partnern werden die Sitzungen gegen Ende der Bebrütung des Geleges länger.

7.7.6 Brut- und Bebrütungstemperatur

»Für die Frage, welcher Temperatur die Eier während der Brutperiode ausgesetzt sind, ist die Betrachtung allein der Phasen, in denen der Altvogel brütet (im folgenden gleich ›Bebrütungstemperatur‹ gesetzt), nicht befriedigend. Es ist notwendig, auch die Temperaturwerte während der Bebrütungspausen zu berücksichtigen; auch mit ihnen ist der sich entwickelnde Vogelorganismus konfrontiert. Das Integral aller auftretenden Temperaturen (Bebrütungspausen und Bebrütungsphase), hier definiert als ›Bruttemperatur‹, muß sich danach von der Bebrütungstemperatur (nur Werte, bei denen der Altvogel tatsächlich auf den Eiern sitzt) unterscheiden. Auf den noch ektothermen (poikilothermen = wechselwarmen) Organismus ›Vogelembryo‹ sind davon abhängige Einflüsse auf das Stoffwechselgeschehen zu erwarten« (PRINZINGER et al. 1979).

Bei der Mehlschwalbe zeigt die Brut- und Bebrütungstemperatur einen unterschiedlichen Tagesverlauf (Abb. 40). Die Bebrütungstemperatur liegt nachts in der Ruhephase niedriger als tagsüber in der Aktivitätsphase (38,6 °C zu 39,2 °C). Der Gang

Temperatur [°C]

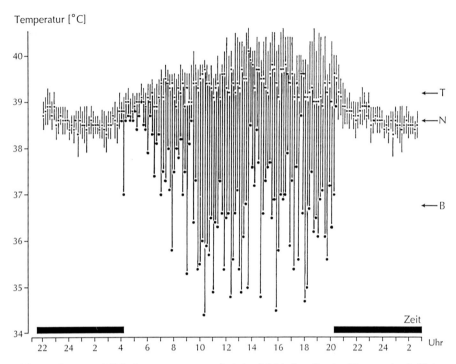

Abb. 39: Brut- und Bebrütungstemperatur bei der Mehlschwalbe im Tagesverlauf. Kleine Punkte: Bebrütungstemperatur, große Punkte: Bruttemperatur in der Aktivitätsphase, Pfeil T: Durchschnittliche Bebrütungstemperatur in der Aktivitätsphase, Pfeil N: Durchschnittliche Brut- (hier: Bebrütungs-) Temperatur in der Ruhephase, Pfeil B: Durchschnittliche Bruttemperatur in der Aktivitätsphase. Die schwarzen Balken markieren die durchschnittliche brutpausenfreie Zeit (Ruhephase) des Vogels, Meßbeginn ab dem 1. Ei. Nach PRINZINGER et al. (1979).

der Bruttemperatur verhält sich invers und ist nachts mit der Bebrütungstemperatur identisch, Brutpausen fehlen. In der Aktivitätsphase, mit dem Auftreten von Brutpausen, fällt sie von 38,6 °C auf 36,8 °C ab. Ursache für diese unterschiedliche Tagesperiodik ist der Wechsel von Bebrütungsphasen und Brutpausen während der Aktivitätsphase.

Die Veränderung der Gesamtdauer von Nestbindung und Brutpausen im Verlauf der Bebrütungsperiode zeigt die Abbildung 40. Bei der Mehlschwalbe liegen die entsprechenden Werte bei rund 79 % zu 21 %. Bezieht man nur die Aktivitätsphase in die Betrachtung ein, so tritt der relativ große Anteil der Brutpausen noch deutlicher in Erscheinung (= 46 % : 21 %). Im Verlauf eines Bebrütungstages ist der Vogelembryo mit zwei sehr unterschiedlichen Brutphasen konfrontiert. Die unterschiedlichen Umgebungstemperaturen beeinflussen seinen Stoffwechsel stark, und es ist somit zu vermuten, daß die Entwicklungsgeschwindigkeit nachts höher ist als tagsüber (PRINZINGER et al. 1979).

Abb. 40: Nestbindung (Bebrütungsphase) und Brutpausen im Verlauf der Bebrütungsperiode bei der Mehlschwalbe. Abszisse: Bebrütungsperiode in Tagen, Rechte Ordinate: Verlauf eines Bebrütungstages in Prozent, weiße Balken: Gesamtdauer der Brutpausen, schwarze Balken: Gesamtdauer der Nestbindung (Bebrütungsphase) während der Aktivitätsperiode, durchgezogene Linien: Ruheperiode. AA durchschnittlicher Beginn der Aktivitätsperiode, AE durchschnittl. Ende der Aktivitätsperiode. AA – B durchschnittliche Gesamtdauer der Brutpausen, B – AE durchschnittl. Gesamtdauer der Bebrütungsphase in der Aktivitätsperiode. Ø = Abbildung eines »Durchschnittstages«. Nach PRINZINGER et al. (1979).

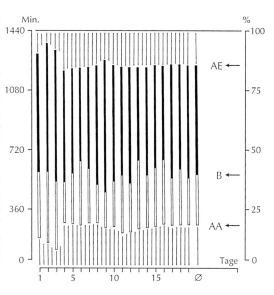

7.8   Die Jungvögel

7.8.1 Schlupf

Nach LIND (1960) »zwitschern beide Geschlechter vor sich hin«, sobald das erste Junge geschlüpft ist. In zwei Fällen hat er die Altvögel schon einen Tag vor dem Schlüpfen der Jungen singen gehört.

Daß die Jungen eines Mehlschwalbengeleges alle an einem Tag schlüpfen, scheint nicht oft vorzukommen. Es findet meist an zwei bis drei Tagen und seltener an vier Tagen statt, was auch von der Größe des Geleges abhängig ist. HUND (1976) berichtet, daß alle Jungen einer Brut wenige Stunden bis höchstens zwei Tage und ausnahmsweise drei bis vier Tage zum Schlüpfen benötigen. Bei 44 Gelegen, die HUND & PRINZINGER (1979) unter Kontrolle hielten, ergab sich ein mittlerer Schlüpfzeitraum von 26 Stunden. BRYANT (1978) schreibt allerdings, daß 45 % aller Gelege innerhalb von 24 Stunden vollständig schlüpfen. Nach HUND & PRINZINGER (1979) sowie RHEINWALD (1979) ist der Prozentsatz der geschlüpften Jungschwalben konstant recht hoch. Er beträgt bei der Erstbrut 94 bzw. 92,1 % und bei der Zweitbrut 90 bis 89,1 %. Die Verluste sind je knapp zur Hälfte auf unbefruchtete Eier und solche mit abgestorbenem Embryo zurückzuführen. BRYANT (1975) wies in Großbritannien bei 440 Bruten eine durchschnittliche Schlüpfrate von 85,5 % und BALÁT (1974) in der Slowakei bei 192 Gelegen von 84,7 % nach.

Die Reihenfolge des Schlüpfens der Jungen überprüften HUND & PRINZINGER (1979) bei 34 Gelegen. In 21 Fällen erfolgte der Schlupf beim zuletzt gelegten Ei tatsächlich auch am spätesten, und in neun weiteren Fällen schlüpften zwischen den letzten

Abb. 41: Eischalen auf den Kothaufen unter den Nestern sind Hinweise auf den Schlüpftermin, auch ohne Nestkontrolle. Foto: H. LÖHRL.

beiden Kontrollen mehrere Junge gleichzeitig, so daß hier eine Trennung nicht möglich war.

Bei der Entfernung der Eischalen aus dem Nest verhält sich die Mehlschwalbe anders als es andere Vögel allgemein tun, d. h. die ihre Eischalen nicht selten über eine weite Strecke wegtragen: Die meisten Brutpaare werfen die Schalen und auch beschädigte Eier aus dem Flugloch heraus (Abb. 41). Nach LIND (1960) haben von 113 Brutpaaren 109 die Schalen nur aus dem Nest geworfen und lediglich vier sie weiter fortgetragen.

7.8.2 Jungenzahl

Nach HUND (1976) ist pro Jahr und Paar im Mittel mit etwa 5 selbständig werdenden Jungen zu rechnen. Wie wir noch sehen werden, liegt die Zahl der ausgeflogenen Jungen eines Paares mit zwei Bruten etwa bei sechs. Hierbei ist aber zu berücksichtigen, daß kurz nach dem Ausfliegen die Jungen, wie HUND (1976) schreibt, »aufgrund der Unerfahrenheit« erhebliche Verluste erleiden. In Tabelle 14 von HUND (1976) ist von 127 Erst- und 124 Zweitbruten die Anzahl der Jungen aufgeführt. Ähnliche Werte ermittelte auch RHEINWALD (1979), der von 435 ersten Bruten durchschnittlich 3,34 ± 1,22 und von 322 zweiten Bruten entsprechend 2,54 ± 1,05 Junge angibt.

Tab. 14: Vergleich der Jungenzahl zwischen Erst- und Zweitbrut. Jungenzahl 0 = erfolglose Bruten einschließlich verlassener Gelege. Nach HUND (1976).

	Jungenzahl							Zeilen-summe	$\bar{x}$
	0	1	2	3	4	5	6		
Erstbrut									
n	9	2	7	32	39	37	1	127	459/127 = 3,61
%	7,1	1,6	5,5	25,2	30,7	29,1	0,8	100	
Zweitbrut									
n	22	2	21	54	24	1	–	124	307/124 = 2,48
%	17,7	1,6	16,9	43,6	19,4	0,8	–	100	
Gesamt									
n	31	4	28	86	63	38	1	251	766/251 = 3,05
%	12,3	1,6	11,2	34,3	25,1	15,1	0,4	100	

7.8.3 Füttern

Die frisch geschlüpften Mehlschwalben betteln in den ersten Tagen mit ausgestrecktem Hals und senkrecht nach oben geöffnetem Schnabel, wobei der Bettellaut zu hören ist. Reichlich eine Woche lang ist dieser Vorgang ungerichtet, erst später wird dem futterbringenden Altvogel der Kopf zugewandt. Nach LIND (1960) reagieren die Nestjungen der Mehlschwalbe vor dem Öffnen der Augen auf mechanische, danach auf optische und akustische Reize, wobei sie auf letztere bis zum Ausfliegen und auch noch später am deutlichsten reagieren (vgl. Abb. 42).

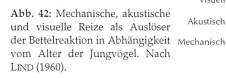 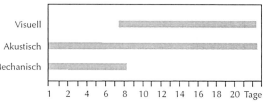

Abb. 42: Mechanische, akustische und visuelle Reize als Auslöser der Bettelreaktion in Abhängigkeit vom Alter der Jungvögel. Nach LIND (1960).

Sehr hungrige Junge betteln nach der Fütterung durch den Altvogel noch weiter. Hierbei spielt auch das Wetter eine Rolle, denn bei warmen Temperaturen mit einem ausreichenden Futterangebot ist das Betteln der Jungen schwach. Dagegen kann man die Bettellaute bei schlechter Witterung von früh bis spät abends vernehmen. Man hört die Jungen oft noch betteln, wenn die Altvögel schon zum Schlafen ins Nest geschlüpft sind. Mitunter vernimmt man die Laute die ganze Nacht hindurch, besonders bei fast erwachsenen Jungen und bei kalter Witterung.

Bei der Übergabe des Futters steckt der Altvogel den Schnabel tief in den Hals des Jungen und schiebt den Futterballen oder das einzelne Insekt in den Schlund. Das Futter wird von den jungen Mehlschwalben sofort verschluckt. Insekten, die bei der Fütterung nicht in den Schnabel der Jungen gelangen, werden nicht beachtet. Da-

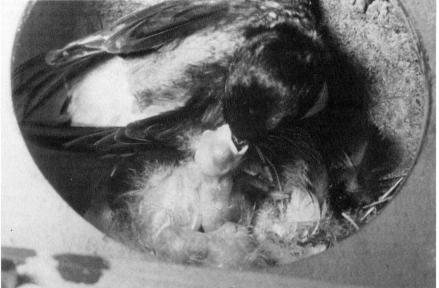

Abb. 43: Oben: Altvogel beim Füttern eines eintägigen Jungen. Unten: Altvogel füttert drei befiederte Junge. Fotos: H. LÖHRL.

Abb. 44: Futterübergabe an zwei fünf Tage alte Junge einer zweiten Brut. Foto: K. V. GUNTEN (aus V. GUNTEN 1963).

gegen beobachtete LIND, wie Junge nach Insekten am Schnabelrand der Altvögel schnappten und sie auch fingen.

An der Fütterung beteiligen sich ♀ und ♂, die die Jungen überwiegend abwechselnd füttern. Meistens erscheint nur ein Altvogel zur Fütterung am Nest, mitunter aber auch beide (Abb. 43, 44), wenn das Flugloch dementsprechend weit ist. Bleibt ein Altvogel ungewöhnlich lange im Nest, kommt es nach LIND (1960) manchmal vor, »daß der herbeigeflogene Gatte sich einfach auf seinen Rücken setzt, von dort aus schnell die Jungen füttert und gleich wieder davonstürzt«.

Bei kleinen Jungen dauert die Fütterung manchmal mehrere Minuten lang. Diese Tätigkeit verkürzt sich, sobald die Jungen vom Flugloch aus gefüttert werden. LIND beobachtete sogar, daß Altvögel bisweilen sich gar nicht erst am Nest niederlassen, sondern dem bettelnden Jungen »nur schnell im Vorbeifliegen« eine Portion in den Schlund geschoben haben. Sind die Jungen noch klein und betteln bei Ankunft der Altvögel nicht, versuchen diese nach LIND, die Jungen zum Betteln zu bringen, »indem sie entweder rufen oder die Jungen mit dem Schnabel, den Füßen oder den Brustfedern berühren«. Sobald die Jungen am Flugloch das Futter empfangen, versuchen die Altvögel dies kaum noch. Wird der Futterballen nicht abgenommen, verschluckt der Altvogel diesen selbst. In einigen Fällen war auch zu beobachten, daß die Mehlschwalben fremde Junge fütterten, wenn die eigenen Jungen nicht bettelten. Nach dem Ausfliegen werden die jungen Mehlschwalben an den verschiedensten Stellen gefüttert, wie z. B. auf der Dachrinne, auf den Drähten von Freileitungen oder auch im Flug. NEUMANN (1978) beobachtete junge Mehlschwalben, die sich auf trockenen Ästen niedergelassen hatten und dort von den Altvögeln gefüttert wurden. Ähnliche Beobachtungen machte auch HARMS (1979).

Nach BERNDT & MEISE (1960) verfüttern ♀ und ♂ stündlich 12 bis 40mal Nahrungsballen, die im Durchschnitt 0,18 g wiegen oder auch Einzeltiere. V. GUNTEN & Schwarzbach (1962) kommen bei 618 Futterballen auf ein Durchschnittsgewicht von 0,20 (0,01–0,50) g. Die Fütterungen in den einzelnen Tagesstunden erfolgen nicht ganz kontinuierlich, sondern lassen zu verschiedenen Tageszeiten unterschiedliche Frequenzen erkennen. Sobald sie satt sind, hören die Jungen mit Betteln auf, und die Eltern müssen das Füttern einstellen. Die Anzahl der Fütterungen ist daher offenbar von der Häufigkeit des Bettelns der Jungen abhängig. Nach V. GUNTEN & Schwarzbach (1962) wurde eine Brut mit 5 Jungen innerhalb von 30 Tagen 7 342mal mit Futter versorgt. Das entspricht einem Durchschnitt pro Tagesstunde von 15,3 Fütterungen.

Die Abbildung 45 zeigt die täglichen Fütterungszahlen für drei verschiedene Bruten. Die teils großen Schwankungen hängen mit dem Wetter zusammen.»Am Anfang der Fünferbrut-Kurve und am Ende der Dreierbrut-Kurve herrschten längere Regenperioden. Aus dem allgemeinen Verlauf der drei Kurven entnehmen wir, daß die beiden Elterntiere schon von Anfang an insgesamt etwa 150mal am Tag das Nest anfliegen, also im Nest füttern. Die Zahl der täglichen Anflüge steigt

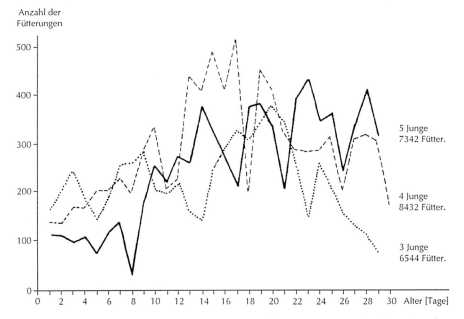

Abb. 45: Anzahl der täglichen Fütterungen während der gesamten Aufzuchtzeit bei drei Mehlschwalbenbruten mit verschiedener Jungenzahl. Fünferbrut: 20. Juni bis 17. Juli 1958, Viererbrut: 5. August bis 2. September 1959, Dreierbrut: 13. August bis 17. September 1960. Nach V. GUNTEN & SCHWARZENBACH (1962).

bis zum 12. Tag ungefähr auf das Doppelte, nimmt danach — wenigstens an sonnigen Tagen — noch einmal zu und erreicht dabei oft Werte, die drei- bis viermal höher liegen als in den ersten Tagen. Aus einem solchen Kurvenverlauf wird etwa geschlossen, daß die Jungen mit zunehmendem Alter das drei- bis vierfache der anfänglichen Futtermenge erhalten. Das ist jedoch eine oberflächliche Auslegung, die nur erlaubt wäre, wenn wir sicher wüßten, daß die Futterperioden während der ganzen Aufzucht ungefähr gleich groß bleiben. Darüber sagen aber unsere Daten über die Fütterungsfrequenz noch nichts aus«. Eine genauere Übersicht über die von diesen Autoren ermittelten Fütterungszahlen vermittelt die Tabelle 15. Die wiedergegebenen Daten beziehen sich auf die Fünferbrut in Abbildung 45.

Während der Futtersuche, die nur durch kurze Pausen unterbrochen wird, sind die Mehlschwalben täglich etwa 15 Stunden unterwegs. Im arktischen Sommer in Schwedisch–Lappland unterbrachen die Mehlschwalben nach HOFFMANN (1959) ihre Aktivität nur für 4 bis 5 Stunden. Die Fütterungsperioden betragen meistens 15 bis 90 Minuten, die Pausen sind etwas kürzer (LIND 1960). Da die Jungen etwa bis zum fünften Tag gehudert werden, ist die Beschaffung des Futters nur zur Hälfte ausgenutzt, da ein Brutpartner ja im Nest bleibt. Etwa im Alter von zwei Wochen werden die Jungen nicht mehr gehudert, und die Altvögel sind außer kurzen Unterbrechungen den ganzen Tag auf Futtersuche, wobei in den Morgenstunden am intensivsten gefüttert wird. Die Sammelkapazität der Altvögel scheint jetzt nach V. GUNTEN & SCHWARZENBACH (1962) voll ausgenutzt und »kann auf dem bisherigen Wege über eine Vermin-

Tab. 15: Anzahl der Fütterungen in den einzelnen Tagesstunden während der gesamten Aufzuchtzeit (20. 6 bis 19. 7. 1958) einer Brut mit 5 Jungen. Nach V. GUNTEN & SCHWARZBACH (1962).

Uhrzeit	Gesamtzahl je Tagesstunde	Durchschnitt je Tagesstunde
5– 6	315	10,5
6– 7	435	14,5
7– 8	539	18,0
8– 9	578	19,3
9–10	528	17,6
10–11	620	20,7
11–12	631	21,0
12–13	577	19,2
13–14	596	19,9
14–15	511	17,0
15–16	533	18,4
16–17	446	15,4
17–18	388	13,4
18–19	327	11,3
19–20	268	9,2
20–21	50	1,7
	7 342	

derung der Huderzeit nicht mehr gesteigert werden«. Da sich aber die Fütterungszahlen verdrei- und vervierfachen, tritt eine weitere Änderung in den Fütterungsgewohnheiten ein. Etwa bis zum Alter von acht Tagen erhält die Mehlschwalbenbrut 8- bis 15mal in der Stunde Futterballen. Die anschließenden Fütterungen vom Flugloch aus bringen eine Erleichterung mit sich. Bei schönen Tagen, wenn in Nestnähe größere Insektenarten schwärmen, brauchen die Altschwalben nicht mehr zu warten, bis sich ein Futterballen im Kehlsack angesammelt hat, sondern sie fliegen schon zum nahen Nest, nachdem sie ein oder mehrere große Insekten erbeutet haben. Dabei steigt die Zahl der Fütterungen am Nest auf 30 bis 50 pro Stunde. Sind keine großen Insekten in der Nähe, sind die Altschwalben gezwungen, die kleinen Insekten zu fangen und den Jungen als Futterballen zu übergeben. V. GUNTEN & Schwarzbach (1962) bezeichnen das Füttern von zahlreiche kleine Insekten enthaltenden Futterballen (8 bis 15 pro Stunde) als »Schnellfütterung«. Im Durchschnitt wogen 34 Futterballen von »Normalfütterungen« 0,21 und 31 Futterballen von »Schnellfütterungen« 0,12 g.

Während der Brutperiode 1979 konnten MÜLLER und der Verfasser beobachten, daß eine diesjährige Mehlschwalbe wiederholt eine Brut am Flugloch fütterte. Zuerst nahmen wir an, daß sie ins Nest schlüpfen wollte und von den Jungen als futterbringender Altvogel betrachtet wurde, den sie anbettelten. Danach konnten wir aber einwandfrei feststellen, daß der Jungvogel tatsächlich Futter für die Brut brachte. BRYANT (1975) beobachtete bei einer Zweitbrut mit 5 Jungen, daß 41,4 % der Fütterungen von Jungen der Erstbrut ausgeführt wurden. Bei kleineren Bruten stellte er keine solche Beteiligung fest. Während einer Schlechtwetterperiode 1978 stellte HUND (brfl.) bei der Zweitbrut wiederholt — auch durch Kontrollfänge belegt — und eindeutig fest, daß sich Junge der Erstbrut an der Fütterung beteiligten. Die beiden diesjährigen beringten Vögel beteiligten sich jeweils an der Fütterung ihrer jüngeren Geschwister im Geburtsnest. Der Beobachter (brfl.) hält das Mithelfen der Diesjährigen für eine zwar nicht häufige, aber regelmäßige Erscheinung. Im Sommer 1978 betrug bei einer überaus langen Schlechtwetterperiode der Bruterfolg bei der Erstbrut nur 48 % (HUND & PRINZINGER 1979). Daß trotz der extremen Wetterverhältnisse auch Fünfer- und sogar Sechserbruten zum Ausfliegen kamen, ist nach HUND wohl der Tatsache zuzuschreiben, daß Vögel mit eingegangener Brut ihren Fütterungstrieb durch Mithilfe bei den überlebenden Bruten befriedigten. Bei einer erfolgreichen Fünferbrut konnte HUND mit Sicherheit beobachten, daß sich mindestens 3 Vögel an der Fütterung beteiligten.

Abb. 46: Ganz rechts junge Mehlschwalbe aus einem abgestürzten Nest, die in ein Rauchschwalbennest umgesetzt und hier problemlos mit aufgezogen wurde. Foto: G. HÜBNER.

Oft werden Mehlschwalbennester vom Haussperling außerhalb der Brutperiode als Schlafnester benutzt, wodurch, wie in der Kolonie in Groß Särchen alljährlich beobachtet werden konnte, eine große Anzahl Nester herabstürzt. Ein Teil der Nester wird aber auch schon vor dem Eintreffen der Mehlschwalben von den Haussperlingen besetzt und zur Brut benutzt. Mitunter kommt es nach BALÁT (1973) auch vor, daß Mehlschwalbennester, die kurz vor Abschluß des Baues stehen, gewaltsam vom Haussperling bezogen werden. Bei Nestern, die der Haussperling nicht mehr als Schlaf- oder Brutplatz benutzt, kann es passieren, daß die Mehlschwalben das Nest wieder beziehen und das Nistmaterial der Sperlinge entfernen.

Ausgehend von dieser nicht zu seltenen Brutnachbarschaft dieser beiden Arten mögen auch die Beobachtungen, daß Haussperlinge junge Mehlschwalben füttern, stehen (SCHWAMMBERGER 1966, LEICHSENRING 1967, SCHUMANN 1970). Einmal wurde auch beobachtet, daß Mehlschwalben junge Grauschnäpper (*Muscicapa striata*) fütterten (Anon. Gef. Welt 78, 1954). Die Abbildung 46 zeigt eine junge Mehlschwalbe, die aus einem abgestürzten Nest in ein Rauchschwalbennest gesetzt wurde und dort mitgefüttert wurde.

7.8.4 Hudern

Unter Hudern versteht man das Wärmen der frisch geschlüpften Jungen durch die Altvögel bis sie genügend bedaunt oder befiedert sind.

Die zum Hudern heimkehrenden Mehlschwalben bringen Nahrung für die Jungen mit. Daß es tatsächlich so ist, wies LIND (1960) durch Einfangen des ins Nest fliegenden Vogels nach. Einmal konnte er auch nachweisen, daß eine Mehlschwalbe schon Nahrung eintrug, obwohl seit dem Schlüpfen kaum zwei Stunden vergangen waren. Anfangs lassen beide Altvögel den beim Brüten vernehmbaren Ablösungslaut auch bei der Ablösung zum Hudern hören. Dieser Laut bleibt erst weg, wenn die Altvögel anfangen, die Jungen vom Flugloch aus zu füttern. Zur gleichen Zeit verkürzt sich auch die Huderaktivität. Nach LIND (1960) bleiben die Altvögel bei den Jungen wesentlich kürzere Zeiten auf dem Nest als während der Bebrütungszeit. Während die Bebrütung am letzten Tag noch Zeitspannen von 20 bis 25 Minuten beträgt, halten sich die Altvögel am ersten Tag des Schlüpfens der Jungen etwa nur in Zeitspannen von 5 bis 10 Minuten auf.

Bedeutend kürzer werden die Huderzeiten erst vom vierten bis elften Nestlingstag der jungen Mehlschwalben. Diese Verkürzung steht offenbar in Verbindung mit dem wachsenden Nahrungsbedarf der Jungen. Wie beim Brüten, so beteiligen sich auch hierbei ♂ und ♀. Das ♀ verweilt aber länger zu diesem Zweck auf dem Nest, und die Differenz ist nach LIND »auf keinen Fall sehr groß«. Bei der Mehlschwalbe ist das Huderprozent und die Dauer der Huderzeit eng mit der Brut verknüpft. Wie aus Abb. 47 ersichtlich, ist die Dauer der Huderzeit von der Anzahl der Nestjungen abhängig. Befinden sich nur drei Junge im Nest, dann werden sie 10 bis 11 Tage lang intensiv gehudert. Danach nur noch teilweise bis zum 15. Tag und mitunter auch noch länger. Eine Brut von 6 Jungen hudert die Mehlschwalbe nach LIND etwa 5 Tage lang intensiver und in den nächsten 5 bis 6 Tagen noch teilweise. V. GUNTEN & SCHWARZENBACH (1962) kamen bei ihren Untersuchungen zu ähnlichen Ergebnissen.

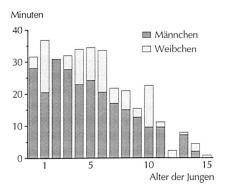 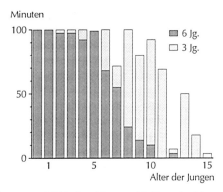

Abb. 47: Links: Anteil der Geschlechter am Hudern vom Schlüpftag bis zum 15. Tage; im Nest befanden sich 3 Junge (Beobachtungszeit: 60 min.). Rechts: Huderprozent in den ersten 15 Tagen in einem Nest mit drei und einem anderen mit sechs Jungen. Nach LIND (1960).

In einem Nest, in dem LIND noch andere Junge hineingesetzt hatte, so daß es im ganzen neun waren, hörte das intensive Hudern auf, als die Jungen 3 Tage alt waren (und auch das teilweise Hudern nach weiteren 2 bis 3 Tagen). Anzahl der Jungen im Nest und der Anteil des Huderns stehen demnach in einer Wechselbeziehung. Wenige Junge im Nest müssen demnach länger gehudert werden, da sie nicht so viel Wärme erzeugen wie eine größere Anzahl von Nestgeschwistern. Diese wiederum benötigen mehr Futter und lassen somit den Altvögeln weniger Zeit zum Hudern.

7.8.5 Entwicklung der Jungen

HUND & PRINZINGER (1979) wogen in den Jahren 1976 und 1977 unmittelbar nach dem Schlupf Mehlschwalben, die in einer Kunstglucke zur Ausbrütung kamen. Das Gewicht der 148 trockenen Jungen, die noch keine Nahrung zu sich genommen hatten, lag zwischen 0,95 und 1,55 g, im Mittel bei $1,25 \pm 0,14$ g. RHEINWALD (1971) ermittelte bei in Nestern frischgeschlüpfter Jungen ein Gewicht zwischen 1,5 und 2,0 g. Das etwas höhere Gewicht wird damit zusammenhängen, daß die Jungen sicher in den meisten Fällen schon gefüttert worden sind. Sie »erreichen am 11. Lebenstag die durchschnittliche Adultmasse von 18,8 g und nehmen weiter bis auf das 1,27fache des Adultwertes zu. Bis zum Ausfliegen am 29. Lebenstag sinkt die Körpermasse aufgrund der Dehydration des Gewebes durch Gefiederentwicklung und Gewebereifung wieder auf den Adultwert ab. Eine weitere Abnahme ist vermutlich auf das Selbständigwerden der Jungvögel zurückzuführen. Ab dem 44. Lebenstag wird dann der Adultwert wieder erreicht und bei normalen Witterungsbedingungen gehalten« (SIEDLE & PRINZINGER 1988).

In Abbildung 52 ist nach RHEINWALD (1971) die Gewichtsentwicklung nestjunger Mehlschwalben (Durchschnittskurven) in Abhängigkeit von Geburtsdatum und Witterung dargestellt. Hierzu erläutert RHEINWALD (1971) folgendes: »In der Abb. … sind die Durchschnittsgewichte der nach Schlupftagen zusammengefaßten Nestlinge gegen das Datum aufgetragen. Über den Kurven der Gewichtsentwick-

Abb. 48: Soeben geschlüpfte Jungschwalben. Die Dunen sind noch nicht entfaltet. Foto: H. LÖHRL.

Abb. 49: Fünf junge Mehlschwalben, eintägig. Foto: H. LÖHRL.

Abb. 50: Jungschwalben, neun Tage alt, der zukünftige weiße Bürzel ist bereits erkennbar. Foto: H. LÖHRL.

Abb. 51: Jungschwalben, fünfzehn Tage alt. Foto: H. LÖHRL.

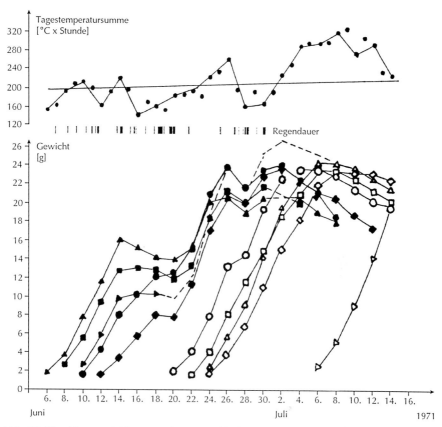

Abb. 52: Gewichtsentwicklung nestjunger Mehlschwalben (Durchschnittskurven) in Abhängigkeit von Geburtsdatum und Witterung. Gestrichelte Linie: hier starben von einer Brut nach dem 18. 6. alle Jungen bis auf eines. Nach RHEINWALD (1971).

lung ist die Niederschlagsdauer und darüber die tägliche Temperatursumme und die Temperatursumme im Mittel vieler Jahre eingezeichnet. Dieser mittleren Temperatursumme liegen die Monatsmittel für Juni (16,8 °C) und Juli (18,4 °C) zu Grunde. Wie man sieht, haben offensichtlich Temperaturen, die weit unter dem Mittel liegen, und langandauernde Niederschläge einen sehr ungünstigen Einfluß auf die Gewichtsentwicklung nestjunger Mehlschwalben. Dabei ist bei mäßigen Temperaturstürzen kaum ein Einfluß in den ersten Lebenstagen zu bemerken: z. B. liegt ein Temperaturminimum am 12. 6., aber die Bruten, die vom 6. bis 10. 6. geschlüpft sind, haben dennoch eine normale Zunahme; das Temperaturminimum vom 28. 6. führt zwar bei den älteren Jungen (geboren zwischen 6. und 12. 6.) zu starken Einbußen, aber die vom 22. bis 24. 6. Geborenen bleiben offenbar unbeeinflußt; die am 20. 6. Geschlüpften zeigen jedoch deutlich eine verminderte Zunahme. Der extreme Kälteeinbruch vom 16. bis 22. 6. führt allerdings auch bei den kleinen Jungen (geboren vom 9. bis 12. 6.) zu Störungen in der Gewichtsentwicklung. Dabei gilt je kleiner die Jungen, desto geringer der Einfluß niedriger Temperatur«.

KESKPAIK (1976), der in der ehemaligen Sowjetunion die Gewichtsentwicklung von 264 nestjungen Mehlschwalben kontrollierte, kam zu etwa gleichen Ergebnissen wie RHEINWALD (1971). Ähnliche Gewichtsentwicklungen wies auch BRYANT (1975) in Großbritannien nach.

Bei nahrungsarmen Schlechtwetterperioden sind die Jungen in der Lage, mehrere Tage lang sich gegenseitig wärmend ohne Nahrung auszukommen. Nach KESKPAIK (1976) können Mehlschwalben länger und tiefer in Kältestarre verfallen als Rauch- und Uferschwalbe es vermögen. Hingegen kann der Mauersegler in einem längeren Kältezustand als die Mehlschwalbe verweilen.

Daß es junge Mehlschwalben tatsächlich bei vollkommenem Nahrungsentzug aushalten können, zeigt ein unfreiwilliges Experiment. HUND & PRINZINGER (1979) vergaßen einmal beim Altvogelfang einen Schaumstoffpfropfen am Nesteingang zu ziehen (17. 8. 1975, 6.00 Uhr). Bei der nächsten Kontrolle (am 21. 8., 15.00 Uhr) lebten die drei inzwischen abgemagerten, etwa 12 Tage alten Jungen noch. Da der Pfropf den Nesteingang bis auf kleine Ecken vollständig verschloß, war eine Fütterung der Altvögel durch einen Spalt sicher nicht möglich. Die überlebenden Jungen hatten damit nahezu 120 Stunden ohne Nahrung ausgehalten. Reichen die beträchtlichen Fettreserven der Jungen nicht aus, um längere Zeit ohne Nahrung zu überstehen, so können sie während der Nacht in einen Starrezustand verfallen, um bei kalter Witterung ihre Körpertemperatur zu senken und auf diese Weise Energie sparen zu können. Vom 11. Lebenstag ab können die Jungen dann ohne zusätzliche Erwärmung nach einer kalten Nacht ihre Temperatur wieder erhöhen. Junge Mehlschwalben im Alter unter 11 Tagen erreichen ihre normale Körpertemperatur nur durch entsprechendes Hudern der Altvögel wieder (PRINZINGER & SIEDLE 1986, LÖHRL brfl.).

Sobald schlechtes Wetter eintritt, bleiben nach LÖHRL (1968) einzelne Junge der Mehlschwalbe im Wachstum zurück und verlieren an Gewicht. Setzt rechtzeitig wieder sonniges Wetter ein, können sich solche Jungen überraschend schnell erholen. Ist dies nicht der Fall, ist nach LÖHRL die Zahl der Schwalbenbruten, in denen einzelne Junge eingehen, oft größer als die Zahl der Bruten ohne Verluste. Bei anhaltender Schlechtwetterperiode gehen dabei auch mehrere Junge einer Brut ein, während der Rest einen normalen Eindruck macht. Diese Schlechtwetterperioden bringen auch eine Verlängerung der Nestlingszeit mit sich. Während solcher Perioden sterben natürlich auch viele Altvögel. Die Nestlingssterblichkeit steht also mit den Witterungsbedingungen und somit dem Nahrungsangebot im Zusammenhang. BRYANT (1975) ermittelte eine durchschnittliche Nestlingssterblichkeit der 1. und 2. Brut in Großbritannien von 5,8 %, was, wie er nachwies, auch im Zusammenhang mit der Insektendichte der Jagdgebiete der Mehlschwalbe steht.

Bei RHEINWALD (1979) und HUND & PRINZINGER (1979) liegen die Verluste der Jungen während der Nestlingszeit in den Jahren 1971 bis 1977 bzw. 1976 bis 1978 bedeutend höher. Sie ermittelten im Durchschnitt 12,1 % und 26 % für die erste und 11,8 % sowie 23 % für die zweite Brut. Das schlechte Ergebnis bei HUND & PRINZINGER ist auf das verregnete Sommerwetter 1978 zurückzuführen.

Das frischgeschlüpfte Junge ist mit hellgrauen Dunenbüscheln bewachsen, die sich von der Stirn bis zum Rücken erstrecken. Die inneren Organe sind teilweise durch die fleischfarbene Haut zu erkennen. Der schwarzblaue Augapfel und die Ohren sind am Schlupftag geschlossen. Die Beine sind ebenfalls fleischfarben und werden im Laufe der Nestlingszeit befiedert. Ferner fallen die hellgelben Schnabelwülste und der dunkelgelbe Rachen auf. Während nach reichlich einer Woche die eigentlichen Federn sprossen, entstehen zugleich auf den Federrainen Dunen, die später das Untergefieder bilden. Auf den entstandenen Federn sitzen die Erstlingsdunen. Die Flügellänge beträgt am 15., 20., 25. und 30. Postembryonaltag etwa 50, 75, 90 bzw. 100 mm. Die längste Schwinge weist demnach vom 15. bis 30. Tag ein Wachstum von 50 mm auf, d. h. wächst täglich reichlich 3 mm. Etwa im Alter von sieben Tagen sind die Augen der jungen Mehlschwalben halb und ungefähr vom neunten Tag ab ganz geöffnet.

7.8.6 Verluste im Nest

Die Reduzierung tritt meistens schon mit dem Verlust eines Teiles der abgelegten Eier ein, die zerstört oder verlegt werden oder taub sind. Nach HUND (1976 bzw. brfl.) sind von 677 Gelegen der Mehlschwalbe mit 2 720 Eiern (= 100 %) 2 069 Junge ausgeflogen (= 76,1 %). Demnach betrugen die Gesamtverluste 651 (= 23,9 %). RHEINWALD (1979) gibt diesbezüglich die Gesamtverluste der ersten Brut mit 20 % und der zweiten mit 21,4 % an. Nach HUND & PRINZINGER (1979) »ist der Prozentsatz während der Nestlingszeit gestorbenen Jungen von der Gesamtzahl aller geschlüpften Jungen auch sehr wetterabhängig. Er schwankt zwischen 6 und 44 % bei der Erst- und zwischen 11 und 30 % bei der Zweitbrut«. Wie diese beiden Autoren mehrfach beobachten konnten, wurden als Reaktion (?) auf schlechtes Wetter sogar noch lebende Junge z. T. absichtlich aus dem Nest geworfen. LÖHRL (1971) stellte beispielsweise im Jahre 1969 Extremwerte von 100 % fest. Über 20 % der Nestlingsmortalität der Mehlschwalben können nach BRYANT (1978) auf die schlechteren Startbedingungen der zuletzt schlüpfenden Jungen zurückgeführt werden. Dies tritt nicht nur bei schlechtem Wetter ein, sondern auch dann, wenn reichlich Nahrung vorhanden ist. Bei Streitereien und wenn das Gelege unbefruchtet ist, werden Eier aus dem Nest geworfen, auch einzelne Eier, die in unbesetzten Nestern liegen, wenn diese besetzt werden. GUTSCHER sah, wie eine Schwalbe nacheinander alle Eier aus dem Nest entfernte (LÖHRL brfl.). Eine detaillierte Übersicht über die Verluste von der Eiablage bis zum Ausfliegen der Jungen bringt Tabelle 16.

Witterungskatastrophen während der Brutzeit führen in den meisten Fällen zu hohen Verlusten der jungen Mehlschwalben. Mitunter gehen auch die Altvögel ein. Hier soll nur über einige extreme Fälle berichtet werden, die sporadisch bei Schlechtwettereinbrüchen in kleineren und größeren Gebieten immer wieder auftreten.

Über eine Witterungskatastrophe am Beginn der Brutperiode berichtet AUSOBSKY (1959) aus dem Raum Salzburg folgendes: »Als am 28. 5. 1957 ein Schlechtwettereinbruch starken Temperaturfall und ergiebige Schneefälle brachte, sammelten sich abends an der Südseite mehrerer Häuser der Siedlung »Bischofshofen–Neue Heimat« auf den Stützbalken unter dem Dachfirst bis zu 100 Expl. Mehlschwalben. Dabei legten sich die Schwalben alle mit dem Kopf in einer Richtung neben- und übereinander, so daß sie Bündel bis zu 20 cm Höhe bildeten. Während der Stapel

Tab. 16: Verluste von der Eiablage bis zum Ausfliegen der Jungen. Nach HUND (1976).

236 Gelege mit 919 Eiern (= ursprüngliche Eizahl)	919	100,0 %
Zahl der ausgeflogenen Jungen	661	71,9 %
Gesamtverluste	258	28,1 %
Davon entfallen auf:		
Verlegte Einzeleier	18	1,9 %
Taube Eier	11	1,2 %
Eier mit abgestorbenem Embryo	14	1,5 %
Nicht feststellbare bzw. nicht festgestellte Gründe für Differenzen zwischen Jungen- und Eizahl	49	5,3 %
Eier während der Brutzeit verschwunden	1	0,1 %
Verendete Junge während der Nestlingszeit	83	9,1 %
Verlassen ganzer Gelege: Gelegegröße 2 3 4 5 6 Anzahl 5 9 6 3 1	82	9,0 %
Insgesamt 118 Bruten waren ganz ohne Verluste Gelegegröße 1 2 3 4 5 6 Anzahl 1 10 45 32 29 1		

durch dauernden Zuflug rasch wuchs, verließen mehrere zuunterst liegende Mehlschwalben ihren Platz und reihten sich in die oberste Schicht wieder ein. Nach einem ca. 30 Minuten währenden, lebhaften An- und Abfliegen, das von dauernden »dsrr«-Rufen begleitet wurde, beruhigten sich die Schwalben und verbrachten die folgende Nacht im oben geschilderten Zustand. Am nächsten Morgen (Wetterbesserung) konnte ich nur ganz vereinzelt tote Mehlschwalben auffinden«.

Von einem Massensterben in Estland Ende August 1959 berichtet JÖGI (1961). Hier waren von 71 Orten Meldungen über den Tod von 4 500 Schwalben eingegangen, der wirkliche Verlust war natürlich weit höher. Von diesen gemeldeten toten Schwalben waren 70 bis 80 % junge Mehlschwalben — vor allem der zweiten Brut. Hier sammelten sich auch die in Not geratenen Schwalben bis zu Hunderten an Häusern.

Während einer kalten Witterungsperiode Ende Mai 1966 in Ungarn wurden nach SCHMIDT (1966) nur vereinzelte Todesfälle von der Mehlschwalbe gemeldet. Hier erlitt ohne Zweifel die Rauchschwalbe — wohl, weil bei dieser Art das Brutgeschäft schon weiter vorangeschritten war — größere Verluste.

Anfang Juni 1969 wirkte sich die anhaltende naßkalte Witterung in der Zentral- und Nordostschweiz sowie im Südwesten Deutschlands auf insektenfressende Vögel, insbesondere auf Schwalben, verheerend aus. In der Schweiz verhungerten nach BRÜLLHARDT (1969) Tausende von alten Mehlschwalben. Sie fielen tot von den Nestern oder starben dicht zusammengedrängt darin. Nach LÖHRL (1971) gingen in Südwestdeutschland während der Witterungskatastrophe nicht nur Bruten zugrunde, sondern auch Altvögel. Die Verluste der Brutpaare der kontrollierten Populationen oder Kolonien lagen je nach örtlichen Verhältnissen zwischen 12 und 100 %. Bei einer sehr genau erfaßten Population betrug der Verlust der Altvögel

28 %. Da die Vermehrungsrate der überlebenden Brutpaare gering war, nahmen die Populationen im folgenden Jahr vielfach weiter ab. Von LÖHRL (1971) wird vermutet, daß »die Ursache für die regional unterschiedliche Verlustquote unter anderem in der verschiedenen Meereshöhe, dem Vorhandensein oder Fehlen von Wasserflächen und damit auch in einer unterschiedlichen Konstitution der Altvögel bei Beginn der Katastrophe« liegt. Die Fänge in der Versuchspopulation in Riet ermöglichten es RHEINWALD (1970), Näheres über die von LÖHRL geschilderten Verluste von Mehlschwalben im Juni 1969 auszusagen: Vor der Katastrophe hat GUTSCHER in Riet 234 Brutpaare festgestellt. Nach dem Unwetter waren es nur noch 168 Brutpaare. Die Population hatte also eine Abnahme um 66 Brutpaare bzw. 132 Tiere zu verzeichnen. Nach Rheinwalds Untersuchungen hatte es fast ausschließlich »die mehrjährigen und nicht die diesjährigen Brutvögel betroffen«. Hier besteht die Möglichkeit, daß die einjährigen Mehlschwalben während der Katastrophe in einer günstigeren Brutphase waren als mehrjährige, denn es begannen im Vorjahr nur 6 einjährige ♀ am 5.6. zu legen, während bei 4 mehrjährigen ♀ der mittlere Legebeginn am 26./27. Mai lag.

Abschließend kann gesagt werden, daß nach SCHÜZ (1971) dieses Sichsammeln, Stillhalten und Zusammenballen Abkühlung verhindert bzw. mindert. Zudem setzt weitgehendes Einstellen jeder Bewegungsaktivität den Stoffwechsel und damit letztlich den Kraftverlust herab. Wie wir gesehen haben, kann dieser Starrezustand in vielen Fällen — besonders bei Jungvögeln — aber auch in den Tod führen. Bei Temperaturerhöhung, auch z. B. im Zimmer, werden die dem Anschein nach schwer betroffenen Vögel nach SCHÜZ jedoch oft wieder munter, und bei rechtzeitiger Wetterbesserung kann so die schlimmste Zeit mit Erfolg überbrückt werden.

Für Mehlschwalben, die Vögel mit hohem Grundumsatz sind, ergeben sich nach KESKPAIK & LYULEYEVA (1968) in der Zeit eines »Äroplankton«–Mangels erhebliche Schwierigkeiten, weil dadurch das Gewicht und die Körpertemperatur sinken. Sie können nur eine Schlechtwetterperiode von max. 3 bis 4 Tagen überstehen. Während dieser Zeit betragen die Gewichtsverluste bei der Mehlschwalbe im Durchschnitt 32 %.

7.8.7 Verhalten im Nest

Die nestjungen Mehlschwalben sind in den ersten Tagen völlig hilflos und versuchen, einen dichten Knäuel zu bilden, um große Wärmeverluste möglichst zu vermeiden. Während dieser Zeit werden die Jungen ausschließlich innerhalb des Nestes gefüttert. Sind die Nestjungen eine Woche alt, kann man sie mitunter aus dem Flugloch heraus betteln sehen. Einige Tage später werden die Jungen fast ausschließlich am Flugloch gefüttert (Abb. 53), und es kommt ganz selten vor, daß den Jungen während dieser Zeit das Futter innerhalb des Nestes übergeben wird.

Flugübungen, die mitunter minutenlang andauern können, führen die Mehlschwalben vom 20. Lebenstag ab im Nest aus. Diese Übungen fallen in die Zeit, in der die Jungen am stärksten zum Ausfliegen gelockt werden.

Die Eltern scheinen nicht in jedem Fall fremde von ihren eigenen Jungen unterscheiden zu können, denn bei Auswechselungen von Jungvögeln wurden diesel-

Abb. 53: Altvögel beim Anflug und Füttern ihrer Jungen an einem Kunstnest. Fotos: H. MENZEL.

ben, wie LIND nachwies, immer angenommen und mit Futter versorgt. Einen gegenteiligen Nachweis erbrachte BÖHRINGER, der vollbefiederte Junge in das Nachbarnest setzte, die von den Altvögeln nicht gefüttert wurden. Vielmehr versuchten diese, die Jungvögel zu packen und herauszuziehen. Als die Jungen zurückgesetzt wurden, erfolgte eine normale Weiterfütterung (LÖHRL brfl.). Bei flüggen Jungen bringen die Altschwalben dagegen das Futter immer nur ihren eigenen Jungen,

Abb. 54: Befiederte Jungschwalbe schaut aus dem Nest heraus (rechts) und bei der Kotabgabe (unten). Das Nest ist ein Kunstnest aus Holzbeton. Fotos: H. LÖHRL.

auch wenn nach LIND andere Junge unmittelbar neben ihren Jungen sitzen. In diesem Alter scheinen die Jungen auch ihre Eltern zu kennen. Hierauf weisen LINDs (1960) Beobachtungen hin, »daß die im Nest sitzenden Jungen betteln, sobald sie den Altvogel ... hören«.

Gegen fremde Vögel, die ins Nest eindringen wollen, verhalten sich die Jungen im Alter von drei Wochen aggressiv. Sie verteidigen das Nest mit »Pickbewegungen, Drohlauten und auch direktem Picken«. Über die Ausbildung der Aggressivität bei den jungen Mehlschwalben berichtet LIND, daß er in einem Nest mit 6 Individuen die ersten Raufereien beobachtet habe, als sie 17 Tage alt waren. Dagegen begannen in einem Nest mit drei Jungen die Streitereien erst im Alter von 22 Tagen. Je älter die Jungen wurden, um so häufiger konnte man Streitereien beobachten, die nach dem Ausfliegen noch zunahmen. Nach LIND scheinen die Kämpfe »eine Lockerung der Familienbande zu bewirken«.

Etwa bis zum sechsten Lebenstag setzen die Jungen den Kot im Nest ab. Vom neunten Tag an werden die Exkremente fast regelmäßig aus dem Flugloch hinausfallen gelassen (Abb. 54). Bei dieser Handlung drehte sich der Vogel im Nest herum und schiebt den Schwanz zum Flugloch hinaus, wobei in waagerechter Stellung der Kot abgesetzt wird. Daß Mehlschwalben im Alter von fünf und sechs Tagen aus dem Flugloch hinaus den Kot außerhalb vom Nest absetzen, ist nach LIND (1960) »entweder so zu verstehen, daß dies zufällig geschieht, oder aber, daß die Jungen irgendwie wahrnehmen, wo das Flugloch ist, obwohl ihre Augen noch nicht offen sind«. Der von den jungen Mehlschwalben fallengelassene Kot, der außerhalb vom Nest liegengeblieben ist oder unten auf dem Erdboden liegt, wird von den Altschwalben nicht beachtet. Es werden lediglich die Exkremente, die im Nest abgesetzt wurden oder sich unmittelbar am Flugloch befinden, von den Altvögeln weggetragen. Dies geschieht, wenn die Jungen ein Alter von etwa fünf bis vierzehn Tagen erreicht haben. In den ersten Nestlingstagen wird der Kot wohl von den alten Mehlschwalben gefressen. Bei den meisten Vögeln tragen die Altvögel den Kot vom Nest über größere Entfernungen weg, um damit die Brutstätte nicht zu verraten. Bei den Mehlschwalben, die den Kot vom Nest aus auf den Boden fallen lassen, scheint dies keine Rolle zu spielen, denn »das Nest der Mehlschwalbe ist auf jeden Fall leicht auffindbar, und es ist daher bedeutungslos, wenn der Kot oder Eischalen es noch mehr verraten (LIND 1960).

Wie auch bei anderen Vogelarten, bleiben die alten Mehlschwalben, wenn die Jungen etwa fünf bis zehn Tage alt sind, im Nest sitzen und warten auf eine Kotabgabe. Tritt dieser Fall nicht ein, dann berührt der Altvogel mit dem Schnabel leicht die Analgegend. Die Kotballen werden seltener weiter als 10–15 m fortgetragen. In der überwiegenden Zahl der Fälle wird der Kot von den Altvögeln einfach aus dem Nest geworfen.

Verendete Junge werden nur in den ersten zwei Wochen von den Altvögeln aus dem Nest entfernt (HUND & PRINZINGER 1979).

7.8.8 Nestlingszeit und Ausfliegen

Das Flüggewerden der Jungen erfolgt im Abstand von 0 bis 2 Tagen und läßt sich ungemein schwer feststellen, denn am ersten Flug beteiligen sich selten alle Jungen des Nestes, und außerdem dauert er meist nur ein paar Minuten.

Für die Schweiz ermittelte v. GUNTEN (nach GLUTZ 1962) die Nestlingszeit von 4 bis 5 Jungen je Brut mit 28 bis 30 Tagen. Zweier- und Dreierbruten fliegen bei günstiger Witterung eher aus. Die Jungen verlassen frühestens am 24. Nestlingstag erstmals das Nest. BRYANT (1975) kommt für Großbritannien zu ähnlichen Ergebnissen. Junge, die vor dem 25. Nestlingstag ausfliegen, überleben nach diesem Autor nicht; die mittlere Nestlingszeit betrug 30,6 ± 2,3 Tage. Für Finnland ermittelte LIND (1960) die Nestlingszeit mit durchschnittlich 25 ± 1,4 Tagen.

In Westdeutschland verlassen nach HUND & PRINZINGER (1979) die jungen Mehlschwalben in der Regel zwischen dem 24. und 32. Tag das Nest zum ersten Mal gut fliegend. Durchweg länger dauert es bei schlechtem Wetter: Während der Brutperiode 1978, als extrem schlechtes Wetter herrschte, wurde das Nest in einem Fall »mit ziemlicher Sicherheit erst am 40., vielleicht sogar am 43. Tag verlassen«. Zu ähnlichen Ergebnissen kam auch RHEINWALD (1979) bei Bonn. Er ermittelte Nestlingszeiten von 1mal 22 Tagen, 1mal 23, 5mal 24, 14mal 25, 8mal 26, 10mal 27, 5mal 28, 3mal 29, 3mal 30 und 1mal 31 Tagen. Diese Werte ergeben ein Mittel von 26,3 Tagen.

Die ersten Ausflüge der Mehlschwalbenjungen finden morgens oder vormittags statt. Die Altvögel locken nach LIND (1960) die Jungen am eifrigsten, wenn die Jungen 19 bis 24 Tage alt sind. Mitunter beteiligen sich an diesem Lockflug, mit dem die Jungen zum Ausfliegen veranlaßt werden sollen, bis zu 20 Individuen. Später folgen die Jungen nur noch ihren Eltern. Niemals wagten junge Mehlschwalben ihren ersten Flug allein. Sie flogen immer, nachdem ein Altvogel am Nest gewesen war, diesem hinterher.

In den meisten Fällen fällt der Jungvogel beim Flug aus dem Nest etwas herunter und beginnt dann erst, schnell mit den Flügeln zu schlagen. Das Junge setzt nach etwa 5 Flugmetern Kot ab, »woraus man schließen kann, daß der erste Flug ein erschütterndes Erlebnis gewesen ist« (LIND 1960).

Daß Mehlschwalben ihren Jungen beim Ausfliegen helfen, konnten REICHHOLF-RIEHM & REICHHOLF (1973) am Neusiedler See beobachten: »Um 12.05 Uhr flog eine alte Mehlschwalbe ein Nest an, fütterte aber nicht, sondern blieb (mit geöffnetem Schnabel — d. h., vermutlich Lockrufe ausstoßend!) am Einflugloch hängen. Die Jungen sperrten, und das dem Altvogel am nächsten befindliche Junge rutschte immer weiter aus dem Nest heraus, bis es etwa auf halbe Körperlänge herausschaute. In diesem Moment ließ sich der Altvogel fallen und zog das Junge mit sich. Sekundenlang schien dieses auf dem Bauch des Altvogels zu stehen, dann konnten wir in einem Wirbel von Flügelschlägen beider Vögel keine Einzelheiten mehr erkennen. Altvogel und Junges flogen so etwa 3 bis 4 Meter schräg abwärts, bis sie sich trennten. Während der Altvogel Kreise ziehend das Junge umflog, glitt dieses mit hastigen Flügelschlägen zunächst fast bis zum Boden herab, gewann aber wieder an Höhe und verschwand schließlich zwischen den Dächern. Das gleiche konnten wir nochmals am 9. 7. 67 gegen 10 Uhr beobachten. Es war das letzte der insgesamt vier Jungen. Die beiden anderen hatten offenbar schon vorher das Nest verlassen. Das Verhalten der Altvögel beim »Heraustragen« machte den Eindruck, als ob sie den Flug der Jungen auf den ersten Metern unterstützen wollten. Nachdem die jungen Mehlschwalben das Nest verlassen haben, fliegt der Altvogel langsam mit raschem Flügelschlag, »und das Junge fliegt im Abstand von 0,5 bis 3 Metern hinterher, wobei es die gleichen Kurven und Schwenkungen macht wie der Altvogel und ebenso wie dieser auf- und absteigt«.

Nach Verlassen des Nestes wird der Jungvogel vom Altvogel zum Nest zurückgeleitet. Hierbei gelingt es der jungen Mehlschwalbe nicht sofort, daß Flugloch direkt anzufliegen. Bisweilen führen nach LIND (1960) die Eltern ihre ausgeflogenen Jungen nach einer Flugstrecke von 100 bis 200 m wieder zurück zum Nest, doch lassen sie sich meist anderswo nieder. Dies kann auf Fensterbänken, Türrahmen o. ä. geschehen. Manchmal setzen sich die Jungen auch auf dem Boden, wobei sie

auch hier vom Altvogel nicht verlassen werden. Die jungen Mehlschwalben werden
nach dem Ausfliegen im Nest weiter gefüttert. Vom 28. bis 30. Tag wagen sich nach
GLUTZ (1962) die Jungen allein für längere Zeit auszufliegen, und erst nach dem 30.
bis 32. Tag bleiben sie dem Nest tagsüber ganz fern.

BÖHRINGER (1958) berichtet über das Ausfliegen junger Mehlschwalben, daß seine
»an farbmarkierten Mehlschwalben durchgeführten Untersuchungen zeigten, daß
die Jungen selbständig ausfliegen, kreisende Orientierungsflüge durchführen und
dabei zu dem Jagdschwarm der Altvögel stoßen, in dem sie ihre eigenen Eltern mit
Hilfe eines angeborenen Verhaltensmechanismus zu finden vermögen«. Während
nach diesem Autor der Jungvogel allen mehlschwalbenartigen Tieren nachfliegt,
steuern die Altvögel systematisch alle am Flugruf kenntlichen Jungtiere an und
inspizieren sie offenbar. Hierbei fliegen sie bei fremden Jungen schnell weiter, bei
den eigenen setzen sie sich davor und nehmen sie im ausgesprochenen Langsam-
flug ins Schlepp. BÖHRINGER vermutet, daß Mehlschwalbenjunge, die ihre Eltern im
großen Schwarm nicht finden, nicht zum Nest zurückfinden und zugrunde gehen.

7.9   Zweit- und Drittbruten

Nach NIETHAMMER (1937), BERNDT & MEISE (1960) sowie WITHERBY et al. (1938)
macht die Mehlschwalbe im Gebiet von Mitteleuropa in der Regel zwei Jahresbruten. Angaben in den Handbüchern von HORTLING (1929), VOIPIO (1952) und
LØVENSKIÖLD (1947) weisen darauf hin, daß Zweitbruten auch in Nordeuropa
häufig vorkommen.

HUND (1976) wies bei neun Zweitbruten zwischen Legebeginn der ersten und
zweiten Brut einen Abstand von 56,2 Tagen nach. Zu ähnlichen Ergebnissen kam
auch RHEINWALD (1979), der bei 47 Paaren einen Abstand zwischen der ersten und
zweiten Brut von 54,5 ± 4,9 Tagen feststellte. HÖSER (1984) gibt für das Altenburger
Löß–Ackerhügelland einen Abstand von 56 Tagen an. Auch die diesbezüglich
umfangreichen Untersuchungen von HUND & PRINZINGER (1979), welche in den
Jahren 1976 und 1977 102 Paare unter Kontrolle hielten, ergaben einen Mittelwert
von 54,5 ± 5,5 Tagen. Als extreme Zeitspannen geben sie 43 und 68 Tage an. Bei
schlechter Witterung verlängert sich der Abstand zwischen der ersten und zweiten
Brut um einige Tage. HUND & PRINZINGER stellten z. B. bei 80 Paaren in dem ver-
regneten und kühlen Sommer 1978 einen Mittelwert von 59,3 ± 5,2 Tagen fest. Die
Mehlschwalben waren bei schlechter Witterung länger mit der Aufzucht der Jungen
beschäftigt und brauchten zwischen den beiden Bruten eine offensichtlich längere
Regenerations- und Erholungspause.

Daß die Mehlschwalbe ausnahmsweise in Europa drei Bruten tätigt, berichtet
MAKATSCH (1976). Im Gebiet von Rybatschi (Rußland) sind dagegen schon Zweit-
bruten nach LINLEYEVA (1967) sehr selten. Auch LIND (1960) weist darauf hin, daß in
Finnland nur eine Brut getätigt wird. In Südfinnland hat er allerdings Beobachtun-
gen gemacht, die ein Zweitgelege nicht ausschließen. Dagegen ist im Norden des
Landes eine zweite Brut ausgeschlossen. Auch in der Schweiz zeitigen die meisten
Mehlschwalben nach GLUTZ (1962) in der Regel nur eine Brut. Je nach Witterungs-
verhältnissen kann bei höchstens 50 % aller Paare eine zweite Brut stattfinden.

Genaue Angaben über den Anteil der Zweitbruten sind den Arbeiten von RHEIN-WALD (1979) sowie HUND & PRINZINGER (1979) zu entnehmen. RHEINWALD schreibt, daß nicht alle Paare mit erster Brut auch ein zweites Mal brüten. Erfolgt eine zweite Brut, »wird in zahlreichen Fällen das Nest von einem oder auch von beiden Partnern gewechselt, in etlichen Fällen finden sich die Paare neu zusammen«. Nach HUND (1978) versuchen in Oberschwaben zwei von drei Paaren eine zweite Brut. Im Gebiet von Bonn ist nach RHEINWALD (1979) der Anteil an Zweitbruten recht unterschiedlich, denn in den Jahren 1973, 1974 und in dem heißen Sommer 1976 war er mit 62 bis 70 % recht niedrig, während er in den Jahren 1975 und 1977 mit 88 bis 90 % ziemlich hoch lag (RHEINWALD 1979). Für Nordtirol geben LANDMANN & LANDMANN (1978) den Anteil der Zweitbruten der Mehlschwalbe im Jahre 1976 mit 60 bis 70 % an. Für Schottland stellt BRYANT (1975) innerhalb von drei Jahren durchschnittlich 86,8 % Zweitbruten fest.

Anschließend einige Angaben über Drittbruten: In der Schweiz sind nach GLUTZ (1962) Drittbruten nicht möglich. Es wurden zwar ausnahmsweise drei Gelege eines Paares während einer Brutperiode nachgewiesen, doch schlüpften nur aus zweien Junge. Hin und wieder scheinen in der Schweiz allerdings auch drei Bruten zu gelingen (HALLER und V. GUNTEN). Es wird aber vermutet, daß nur zwei Bruten vom selben Paar stammen (GLUTZ 1962). Dagegen kommen Drittbruten nach BANNERMAN (1954) in England recht häufig vor. Allerdings ist hier nicht ersichtlich, wie der Nachweis geführt wurde. Eine sichere Drittbrut wies RHEINWALD (1979) 1976 bei Bonn nach.

Aus diesen Angaben wird deutlich, daß die von MATTHIESEN (1931, 1932, 1933) mit 10 % angegebene Häufigkeit von Drittbruten angezweifelt werden muß (vgl. auch HUND 1976).

7.10 Ende der Brutperiode

Obwohl im allgemeinen der Abzug der Mehlschwalben in Mitteleuropa in der 2. Septemberhälfte erfolgt und nur Nachzügler zuweilen noch im Oktober ziehen, werden mitunter zu dieser Jahreszeit in manchen Kolonien noch Bruten beobachtet. Bruten im September sind — wenigstens in manchen Gebieten — nichts außergewöhnliches, wie eine Reihe von Angaben in der Literatur bezeugen (WEHNER 1957, BOCK 1960, HEER 1965, HUND 1976, MÜLLER 1977, RHEINWALD 1979, BORGSTRÖM 1983, GREMPE brfl.).

Bruten im Oktober müssen dagegen als eine Ausnahme gewertet werden. KUMERLOEVE (1955) stellte am 10. Oktober 1954 am Dümmer noch eine Brut fest, bei der allerdings das Nest zerstört wurde. Drei weitere Mehlschwalbenbruten fand HEER (1976) jeweils Anfang Oktober in den Jahren 1955, 1964 und 1972 in Baden-Württemberg, und BOCK (1960) konnte in Fröndenberg eine Brut nachweisen, die am 10. Oktober 1948 ausflog. In Strukdorf fand SAGER (1944) am 6. 10. 1943 ebenfalls eine Brut mit fast flüggen Jungen, und am 4. 10. 1974 wurde nach SAEMANN (1976) das Füttern von Nestlingen in Bärenstein/Annaberg bemerkt. Weitere Oktoberbruten wiesen CARNIER (1961, 1962) und HOFER (1958) in Braunschweig sowie Bonn nach. An der Rheinstraße Nierstein fütterte nach MATTHES (1961) am 3. 10.

1959 ein Paar einen Jungvogel, in Hamburg stellte BRUSTER (OTTO 1974) am 7. 10.
1971 ein fütterndes Paar mit zwei Jungen im Nest fest. Im Dresdener Zoo wurde
1971 nach BERGER (1975) eine Mehlschwalbe eingeliefert, die frühestens am 6. 10.
geschlüpft sein dürfte. In der Oberlausitz flogen noch am 2. Oktober 1977 drei
Junge aus einem Nest aus. Zwei Tage danach wurde die Brutstätte tagsüber und
nachts von den Schwalben noch aufgesucht. Am nächsten Tag zeigte sich keine
Mehlschwalbe am Nest. Am 6. Oktober kehrten sie jedoch nochmals zurück und
übernachteten am Brutplatz. Einen Tag später hatte das Brutpaar mit den Jungen
den Nistort endgültig verlassen (MENZEL & MÜLLER 1979).

In der Schweiz fand AELLEN (1935) am 12. Oktober 1934 vier Nestlinge in Zürich–
Altstetten, und in Luxemburg (Stadt) wurde nach SCHMITT (1962) am 6.10.1962 eine
Brut gefüttert. Weitere zwei späte Bruten wurden in Kayl am 3. 10. 1963 festgestellt
(Regulus, Bd. 8), ein Mehlschwalbenpaar fütterte noch am 2. Oktober 1965 seine
Jungen im Nest in Bryne bei Jären, Südnordwegen.

In Südostengland beobachtete REID (1981) am 1. Oktober 1974 Mehlschwalben, die
Nestlinge fütterten. Nach WICHTRICH (1937) sollen in Thüringen sogar noch am 10.
November 1879 zwei Nester der Mehlschwalbe mit Jungen beobachtet worden sein,
die am nächsten Tage ausflogen. Eine Ausnahme stellt auch die Beobachtung von
Fütterungen am Nest im November 1977 in Belgien dar (MANNAERT, Veldorn.
Tijdschr. 4, 1981).

8 Zug und Überwinterungsversuche

8.1 Lockerung und Auflösung des Familienverbandes

Wie schon berichtet, übernachten die alten Mehlschwalben mit ihren Jungen bis zum Herbstzug gemeinsam im Nest. Oft werden neben den eigenen Jungen auch fremde Jungvögel verschiedenen Alters im Nest angetroffen. Nach LIND (1960) bleiben die Alt- und Jungvögel in Finnland auch gemeinsam zur Übernachtung im Nest. V. GUNTEN (1963) berichtet jedoch aus der Schweiz, daß nach dem Ausfliegen der ersten Brut einzelne Paare oder ganze Familien vom Brutplatz verschwinden und weit umherziehen, wobei sie sich mit anderen Dorfschwärmen »vermischen«. Eine Ausnahme stellen die Altvögel dar, die eine zweite Brut hochziehen.

CREUTZ (1938) kontrollierte Nestjunge der ersten Brut im Familienverband 3, 5, 6 und 23 Tage nach dem Ausfliegen. Einzelne Jungschwalben traf er 16, 21, 29 und 33 Tage nach dem Flüggewerden in der Kolonie an. Von 205 Nestjungen der 1. und 2. Brut, die SCHÄFER (1939) markierte, wurden 21 % nach dem Ausfliegen wieder gefangen. Hier darf man wegen des nicht bekannten Termins für das Ausfliegen in Übereinstimmung mit STREMKE & STREMKE (1980) etwa den 14. Lebenstag als Beringungstag annehmen. Kontrollfänge von 32 Jungen der 1. Brut zeigten, daß 34,4 % nach dem Ausfliegen sich noch nach sechs Wochen, maximal 66 Tagen, in der Kolonie aufhielten. In der Groß Särchener Kolonie konnte ich bei 31 Kontrollfängen eine Verweildauer bis zu 41 Tagen nachweisen. Zu ähnlichen Ergebnissen kamen auch STREMKE & STREMKE südlich von Rostock. Hier wurde bei 107 Kontrollfängen junger Mehlschwalben eine maximale Verweildauer nach dem Ausfliegen von 56 bis 60 Tagen bei der 1. Brut und 25 bis 26 Tagen bei der 2. Brut in der Kolonie Dummersdorf nachgewiesen.

Zur Auflösung der Familie teilen diese Autoren mit, daß 5 bis 6 Tage nach dem Ausfliegen die Brut wahrscheinlich noch zusammen ist. Im Höchstfall konnten alle Geschwister bis zum 29. und mehrere bis zum 48. Tag im Geburtsnest nachgewiesen werden.

8.2 Zwischenzug diesjähriger Mehlschwalben

Ein Zwischenzug, der sich nach SCHÜZ (1971) zwischen den Abschluß der Brut und den eigentlichen Wegzug schiebt, konnte auch bei der Mehlschwalbe nachgewiesen werden. Nach STREMKE & STREMKE (1980) entwickelt sich aus dem Umherstreifen bei den jungen Mehlschwalben, deren Bindung an das Brutnest nicht so fest ist, ein Verhalten, das als Zwischenzug bezeichnet werden kann. Nach DROST & DESSELBERGER (1932) konnten vorrangig bei der Rauchschwalbe Jungvögel bald nach dem Ausfliegen in WNW–ENE Richtung in Entfernung von 22 bis 102 km vom

Beringungsort nachgewiesen werden. Bei den in Tabelle 17 aufgeführten Mehl-
schwalbenfunden handelt es sich ausschließlich um Erstbrutjunge. Eine Hauptrich-
tung konnten STREMKE & STREMKE (1980) bei der Mehlschwalbe nicht nachweisen.
Der überwiegende Teil der Mehlschwalben fliegt jedoch entgegengesetzt zur späteren Herbstrichtung.

Tab. 17: Zwischenzug diesjähriger Mehlschwalben. Nach STREMKE & STREMKE (1980).

Entfernung (km)	Richtung	Beringungsort	Beringungs- datum	Funddatum	Diff. (d)
7	ESE	Sjaelland	25. 7. 41	6. 8. 41	12
9	N	Bischofswerda	25. 6. 66	17. 8. 66	53
12	N	Amager	5. 7. 53	12. 8. 53	38
13	SW	Kamenz	16. 7. 70	20. 8. 70	35
38	N	Amager	16. 7. 63	26. 8. 63	41
60	E	Geithain	18. 7. 66	2. 9. 66	46
140	E	Fyn	21. 7. 73	23. 8. 73	53
350	NNE	Bornholm	Juni 1929	20. 7. 29	> 20

ZINK (1975) gibt vier Funde an, von denen der von Bornholm mit dem in der Tabelle 17 aufgeführten identisch ist. Die drei anderen Funde, die kurz nach der
Beringung auf ein Herumstreifen der Mehlschwalbe in einem größeren Raum
hinweisen, stammen aus Estland, wo die Mehlschwalbe nach 15 Tagen etwa 250 km
NE nachgewiesen wurde, und aus Westfalen, wo sich nach drei Wochen ein Exemplar 190 km NE bzw. ein weiteres Exemplar nach einem Monat 190 km westlich des
Geburtsortes aufhielt.

8.3   Abzugstermin

Nach KIPP (1943) hat die Mehlschwalbe trotz großer Zugausdehnung eine verhält-
nismäßig lange Aufenthaltszeit von etwa 23 Wochen im Brutgebiet. In Mitteleuropa
verläßt diese Vogelart ihre Brutgebiete im September und Oktober. Nach STREMKE &
STREMKE (1980) findet der Hauptabzug der Mehlschwalbe bei Rostock von Ende
August bis Anfang September statt. Für ganz Mecklenburg gibt PLATH (in KLAFS &
STÜBS 1987) die Monate September und Oktober an.

Das späteste Abzugsdatum für dieses Gebiet ermittelte DUTY nach MÜLLER (1979)
mit dem 18. 11. 1977 im Kreis Rostock. Im Nordharz wurde am 26. 9. 1971 das letzte
Exemplar in der Stadt Thale beobachtet (OAK Nordharz & Vorland 1972). Nach
GNIELKA (1974) erfolgt der Abzug der Mehlschwalben im Kreis Eisleben von Mitte
bis Ende September. Die spätesten Beobachtungen machten KIRMSE in der Seebur-
ger Bucht (10 bis 20 Ex. am 7. 10. 1954) bzw. HOFER bei Halle–Dölau (mehrere Ex.
am 18. 11. 1974) (vgl. GNIELKA 1974, 1977).

Im Mittelerzgebirge ermittelte HOLUPIREK (1970) im siebenjährigen Durchschnitt
den 27. September als Abzugsdatum. Für ganz Sachsen ist nach HEYDER (1952) in

Jahren mit normalem Wetter der Abzug im August schon lebhaft in Fluß, bei widrigem Wetter verzögert er sich sehr. »Bis Ende Oktober flattern sich die Vögel ab und gehen meist zugrunde, wenn nicht noch eine Warmwetterperiode den Kräften aufhilft«.

In Westdeutschland haben nach KEES (1966) im Raum Bedburg–Erft die Mehlschwalben in der ersten Oktoberhälfte, 1964 sogar schon am 5. 9., das Gebiet verlassen. Nach WEHNER (1957) hatten 1955 die meisten Exemplare Bad Homburg um den 15. 9. verlassen. In Hessen erfolgt der Abzug im September/Anfang Oktober; Verspätungen bis in die 2. Oktoberhälfte sind nicht bekannt (GEBHARDT & SUNKEL 1954). In Baden–Württemberg vollzieht sich der Abzug nach HÖLZINGER et al. (1970) von August bis Oktober, mitunter bis in den November hinein. Nach JACOBY et al. (1970) verlassen die Mehlschwalben das Bodenseegebiet im September und in der ersten Oktoberhälfte. Ausnahmen sind Beobachtungen in der ersten Novemberhälfte.

In Luxemburg erstreckt sich der Abzug der Mehlschwalbe nach HULTEN & WASSENICH (1960/61) vom 11. 9. bis 19. 11. Mitte Dezember 1974 wurde hier von SCHOOS noch ein Exemplar nachgewiesen (WEISS 1978). Der Wegzug einzelner Brutpaare oder Jungvögel oder ganzer Familien in der Schweiz beginnt unauffällig bereits ab Mitte Juli. Das Gros der Kolonie zieht gemeinsam oder gruppenweise über 8 bis 10 Tage verteilt in der zweiten Hälfte September weg, nachdem sich der Gesamtbestand durch den unmerklichen Wegzug ab Mitte Juli bereits um ein Drittel bis ein Viertel verringert hat. Der Herbstzug dauert bis Mitte Oktober; einzelne Exemplare können noch im November beobachtet werden. Die späteste Beobachtung datiert vom 1. 12. 1949 aus Granges–Mernand (GLUTZ 1962).

Nach SCHÜZ (1931) berichtet AELLEN, daß in dem warmen Spätsommer 1919 die Mehlschwalben bei Basel eine zweite Brut in Angriff genommen hatten. Ende September erfolgte eine Abkühlung und »die innere Entwicklung konnte unter den schwierigen Ernährungsverhältnissen nicht beendet werden«. Bis Ende November konnten die Jungen in Basel beobachtet werden, dann waren sie offenbar alle dem Hunger erlegen.

Über den Herbst- und Frühjahrszug sowie die Überwinterung gibt ZINK (1975) in seinem Atlas einen guten Überblick, den ich nachfolgend zusammengefaßt wiedergeben möchte:

H e r b s t z u g . »Britische Ringvögel ziehen mit Richtungen östlich von Süden nach Frankreich. Ein Nestling aus Südengland war im Oktober ENE in Holland. Funde im Beringungsjahr reichen aber nur bis zu den Pyrenäen, so daß offen bleiben muß, ob in Spanien weiter westlich gezogen wird. Der Herbstfund eines Frühjahrsfänglings in SE–Spanien spricht aber für das Beibehalten der ursprünglichen Richtung« (ZINK 1975). Außer einem liegen auch die Funde skandinavischer Mehlschwalben beim ersten Wegzug in Richtungen zwischen Süd und Südost. Auf dem Kontinent ist das Bild weniger einheitlich. Die Wegzugrichtungen streuen zwischen WSW und SE. Auch aus dem östlichen Polen sind aber noch Richtungen nach WSW möglich.

Erst ab Mitte September gibt es Fernfunde über 300 km Entfernung. Die einzige Ausnahme ist ein in Lappland als Nestling beringter Jungvogel, der um die August/September–Wende 600 km südlich gefunden wurde. Der Wegzug erfolgt

(Ende?) August bis Mitte Oktober, Nachzügler werden bis Anfang November festgestellt. In England wurden noch am 3. 12. 1935 zwei Mehlschwalben nachgewiesen (Vogelzug 7 : 82).

Überwinterung. Über die Überwinterungsgebiete der einzelnen Formen wurde schon berichtet (vgl. Kap. 2.2). Aus dem gesamten Überwinterungszeitraum wird von den Beobachtern mitgeteilt, daß die Mehlschwalbe nur sporadisch und meist in geringer Zahl festgestellt wird. Die meisten Beobachtungen stammen aus den Zugmonaten, doch gibt es auch Dezember- und Januarfeststellungen von Gambia über Zentral-Nigeria, E-Zaire bis Tansania und bis zur Südspitze Afrikas. Einzelbeobachtungen kennt man aus diesen Monaten auch von der marokkanischen Westküste, von Algier und Tansania sowie mitten aus der Sahara und von der Madeira-Gruppe. Ringfunde vom Dezember wurden aus Malta und Ostfrankreich gemeldet, Dezember- und Januarbeobachtungen, wie bereits erwähnt, auch aus England. Der Unterschied zwischen den Massen, die in Afrika überwintern, und der vergleichsweisen geringen Zahl der Beobachtungen hat seine Ursache offensichtlich im Verhalten der Art im Winterquartier. Wie durch zahlreiche Beobachtungen nachzuweisen ist, fliegen Mehlschwalben höher als andere Schwalbenarten. Ferner haben sie eine Vorliebe für felsiges, also oft wenig gut zugängliches Gelände. DOUHAUD (nach ZINK 1975) hat in Togo in vier Jahren nur einmal einen kleinen Trupp Mehlschwalben gesehen, und bei starken Buschfeuern erschienen dann zwischen dem 27. 12. und 1. 1. große Scharen, die an zwei Tagen die anderen Schwalbenarten an Zahl übertrafen. HOESCH & NIETHAMMER (1940) erwähnen für Südwestafrika keine Mehlschwalben. MALTZAHN (1953) beobachtete die Art, wenn auch nicht häufig, in diesem Gebiet. ZIMMER (nach ZINK 1975) berichtet wieder von Tausenden Mehlschwalben, die allabendlich in Tansania einen Schlafplatz im Schilf aufsuchten, während tagsüber keine zu sehen waren.

Die Mehlschwalbe scheint in Afrika südlich der Linie Gambia-Norduganda überall zu überwintern, vielleicht weniger häufig im mittleren und unteren Kongogebiet.

Daß entgegen den genannten Wegzugdaten aus Mitteleuropa auch frühe Funde in Afrika gelangen, zeigen folgende Meldungen: 26. 7. Eritrea, 8. 8. Nordtansania, 14. 8. Sudan, 29. 8. Tassili des Ajjers, Sahara. Der Hauptdurchzug im nördlichen Afrika erfolgt aber im September/Oktober und dauert bis November. Ab Mitte September sind die Mehlschwalben in Sambia und ab Oktober in Südafrika anzutreffen. Heimzugbewegungen scheint es ab Mitte Januar in Sambia und ab Ende Januar/Anfang Februar in Südwestafrika zu geben. Aufenthalt und Durchzug erstrecken sich im südlichen Afrika bis April, im Äquatorbereich und nördlich davon bis Mai.

Frühjahrszug. Heimzugnachweise sind im nördlichen Afrika im allgemeinen häufiger als Herbstfeststellungen. Im Mittelmeerraum erfolgt die Ankunft verbreitet schon ab Anfang bis Mitte Februar. Möglicherweise sind auch die Ende Januar an der marokkanischen Westküste und bei Algier beobachteten Mehlschwalben frühe Rückkehrer und nicht Überwinterer. In der Sahara und in Nordafrika erfolgt der Durchzug bis in den Juni hinein. Die Ankunft im (mitteleuropäischen) Brutgebiet vollzieht sich ab Ende März, vorwiegend ab Mitte April.

Einen weiteren Überblick über die räumliche und jahreszeitliche Verteilung von Funden der Mehlschwalbe bringt die Tabelle 18. Hier wurden die bei der Vogelwarte Radolfzell gemeldeten Wiederfunde ausgewertet (ZINK 1969). Von den 1947 bis 1967 beringten 34 026 Mehlschwalben wurden bis zum 31. 12. 1968 lediglich 28 wiedergefunden, das sind 0,08 %.

Tab. 18: An die Vogelwarte Radolfzell gemeldete Wiederfunde von als Nestling bzw. Fängling beringten Mehlschwalben. n = Funde insgesamt. Nach ZINK (1969).

Wiederfund (Entfernung / Land)	n	Monat											
		V	VI	VII	VIII	IX	X	XI	XII	I	II	III	IV
Als Nestling ber.													
bis 10 km	8	2	2	1	2	1	–	–	–	–	–	–	–
11–50 km	4	1	–	1	–	2	–	–	–	–	–	–	–
Mitteleuropa	2	–	–	1	–	1	–	–	–	–	–	–	–
W–Polen	1	–	–	–	–	1	–	–	–	–	–	–	–
N–Italien	1	–	–	–	–	1	–	–	–	–	–	–	–
SE–Frankreich	1	–	–	–	–	–	1	–	–	–	–	–	–
Marokko	1	–	–	–	–	–	–	–	–	–	–	–	1
Sambia	1	–	–	1	–	–	–	–	–	–	–	–	–
	19	3	2	4	2	6	1	–	–	–	–	–	1
Als Fängling ber.													
bis 10 km	4	–	1	3	–	–	–	–	–	–	–	–	–
11–50 km	1	1	–	–	–	–	–	–	–	–	–	–	–
Großbritannien	1	–	1	–	–	–	–	–	–	–	–	–	–
N–Rußland	1	–	1	–	–	–	–	–	–	–	–	–	–
N–Algerien	1	1	–	–	–	–	–	–	–	–	–	–	–
Kamerun	1	–	–	–	–	–	–	–	–	–	–	1	–
	9	2	3	3	–	–	–	–	–	–	–	1	–

8.4   Zum Zuggeschehen

8.4.1 Verhalten während der Zugzeit

MYRES (1953) beobachtete ziehende Rauch- und Mehlschwalben in Tirol (Inntal) und schreibt, daß die Zugweise der beiden Arten verschieden war. Die Mehlschwalben bewegten sich in größeren und kleineren Kreisen hin- und herfliegend, wohl jagend, in der Zugrichtung vorwärts, hielten sich aber in größeren Höhen auf als die Rauchschwalben und waren in größeren Trupps beisammen. Die Rauchschwalben bewegten sich in kleineren Trupps von etwa 15 bis 25 Exemplaren (und oft noch weniger) geradeaus; die Trupps bildeten einen ununterbrochenen Strom. Daß die Mehlschwalbe auch in großen Individuenzahlen zieht, belegt eine Beobachtung von TENKMANN, der die Zahl der im Schutze des Dammes fliegenden Mehlschwalben am Windischleubaer Stausee mit 1 000 Exemplaren angibt (FRIELING

1964). Eine ähnliche Beobachtung machte OTTO (1978) im Tarcu-Gebirge (Rumänien), der im August 1971 gegen Mittag ebenfalls etwa 1 000 Mehlschwalben sah, die sich auf Leitungsdrähten versammelt hatten. Es ist anzunehmen, daß diese sich für den Herbstzug sammelten.

Auch kommt es vor, daß die Mehlschwalbe während des Zuges auf Schiffen übernachtet. So berichtet FISCHER (1959), daß nach Durchquerung des Suezkanals am 17. 4. abends eine Mehlschwalbe und eine Schafstelze (*Motacilla flava*) an Bord des Schiffes kamen.

Der Zug, der wohl nur am Tage stattfindet, wird oft in Vergesellschaftung mit Rauch- und Uferschwalbe durchgeführt. Die bei Rybatschi vorkommenden Mehlschwalben mischen sich jedoch nach LINLEYEVA (1967) während des Zuges an der Nehrung nicht mit fremden Populationen.

FUCHS (1968), der in den Berner Alpen den Vogelzug studierte, berichtet, daß die Schwalben zum »Hochziehertyp« gehören. Das heißt, daß die Hochzieher bei ruhiger Wetterlage ihre Höhenlage beibehalten, wenn sie ein Gebirge überflogen haben. Andere Vogelarten, wie z. B. Meisen (Gattung *Parus*), gehören zu den »Hochsteigern«, denn sie folgen dem Gelände und fliegen nach einem Hindernis wieder abwärts.

8.4.2 Zugkatastrophen

Katastrophen während des Zuges brachten nach meinen Ermittlungen im 20. Jahrhundert die Jahre 1931, 1936, 1955 und 1974 für die Mehlschwalbe. Die Schwalbenkatastrophe 1974 war wohl die größte ihrer Art (Abb. 55, 56). Bisher gab es nach LÖHRL (1974) nur im Jahre 1931 eine ähnliche Tragödie, die sich jedoch vorwiegend auf Oberbayern, Österreich und Teile Ungarns beschränkte.

Nach BOHMANN (1937) wirkte sich ein plötzlicher Kälteeinbruch im September 1931 besonders schlimm auf die Schwalben aus. »Halbverhungerte Schwalben verkrochen sich in Ritzen, Spalten und Höhlungen der Häuser Wiens. Wo vor dem Eingang der Höhlung eine waagerechte Fläche gegeben war, hatte sich eine dicke Traube von Vögeln angesammelt, die alle mit den Köpfen nach dem Eingang lagen. Diese Trauben vor den Höhlungseingängen waren oft so hoch und dick, daß sie diese, die ja ursprünglich den Mittelpunkt zum Zusammenrotten abgegeben hatten, vollständig verbargen. Beim Einsammeln der Schwalbenknäuel ergab sich, daß alle Vögel fest schliefen, und zwar so fest, daß die innen liegenden nicht wach wurden, als man die äußeren Klumpen entfernte« (GERBER 1953). In Wien wurden damals 89 000 Schwalben, von denen der größte Teil Mehlschwalben waren, aufgesammelt und mit Flugzeugen und geheizten Lastkraftwagen nach Venedig gebracht. Nach LORENZ (1932) war das Verhältnis Mehlschwalbe — Rauchschwalbe 30 : 1. von den 15 Mehlschwalben, die LORENZ behielt, waren alle von Hungerdurchfall befallen.

Ähnlich wie im Jahre 1931 erfolgte im Oktober 1936 ein großer Kälteeinbruch in München und Umgebung, wobei fast 5 000 Schwalben beider Arten aufgesammelt wurden. Ferner wurden im Jahre 1955 nach v. GUNTEN (brfl.) am Alpennordfuß (Schweiz), bedingt durch eine Schlechtwetterstaulage, katastrophale Zugverluste registriert.

Abb. 55: Schwalbenkatastrophe 1974 — auf einem Mauervorsprung sitzen Mehl- und Rauchschwalben dicht zusammengedrängt. Foto: H. LÖHRL.

Abb. 56: Mehlschwalben bei einem Schlechtwettereinbruch während des Zuges — die erste Reaktion besteht im Anhängen und Sitzen an Gebäuden. Foto: Pater CÖLESTIN (aus LÖHRL 1971).

Im Jahre 1974 trat eine großräumige und daher besonders folgenschwere Zugkatastrophe ein. Darüber berichtet V. GUNTEN (brfl.) aus der Schweiz folgendes: »Die Großwetterlage ermöglichte während 3 bis 5 Wochen kalten nordischen Winden mit Schneegewölk nach Süden vorzudringen, wobei sich diese Wolken an den

Alpen stauen. Es ist dann kalt und Schnee fällt bis in die Niederungen (350–500 m üNN). Damit wird riesigen Schwalbenschwärmen — überwiegend Mehlschwalben, weniger Rauchschwalben — die Alpenüberquerung verhindert und sie stauen sich in großen Massen am Alpennordfuß«. Vom 6. Oktober berichtet HOFFMANN, daß an einem Haus in Bad Bellingen 25 km nördlich von Basel gut 2 000 Mehlschwalben übernachteten. Jeweils am Morgen lagen etwa 25 tote oder fast tote Mehlschwalben unter dem Dach (RUGE 1975). In einer benachbarten Ortschaft hatten nach RUGE auch einige hundert Mehlschwalben unter einem Dachvorsprung genächtigt. Als ein Stubenfenster geöffnet wurde, flogen fast 200 Schwalben in die Stube. Nach BRUDERER (1975) wurden während der Rettungsaktion in der Schweiz vom 4. Oktober bis zum 11. November mindestens 470 000 Schwalben, anfänglich bis zu 80 % Mehlschwalben, später vor allem Rauchschwalben, nach dem Süden transportiert und viele weitere gefüttert und freigelassen. Nach JACQUAT kam es in der Jura und wohl auch anderswo zu einem Überwinterungsversuch von Mehlschwalben, der aber im März 1975 durch die Ankunft einer neuen Kältewelle mit dem Tod der noch verbliebenen Vögel endete (WINKLER 1976, vgl. auch LÜSCHER 1975).

In Westdeutschland wirkte sich die Schlechtwetterlage vor allen Dingen im Süden aus. Hier wurden die Schwalben — vorerst waren es auch nur vorwiegend Mehlschwalben, später zunehmend Rauchschwalben — mit der Bahn in verschiedene Orte der Alpen geschafft. RUGE (1975) berichtet weiter, daß, nachdem die Bundesbahn die Schwalben 3 bis 4 Tage in die Schweiz transportiert hatte, die Schwalben sich in Bellinzona (Tessin) stauten, da die völlig abgemagerten Tiere nicht weiterzogen, ehe sie nicht ihr Untergewicht wenigstens teilweise ausgeglichen hatten. Darauf wurden die Transporte in die Schweiz gestoppt und vom Flughafen Stuttgart mehr als 250 000 Schwalben in die Camargue ausgeflogen. Von Freiburg/Br. wurden 100 000 nach Südfrankreich gefahren, und nach Mitteilung der Vogelschutzwarte Frankfurt/M. sind auch von dort 120 000 Schwalben verfrachtet worden (RUGE 1975). Nach PRZYGODDA (1976) wurden aus Nordrhein–Westfalen 1 521 Schwalben in südliche Länder transportiert.

Viele Schwalben wurden nach RUGE (1974) auch gewogen. Das Gewicht toter Mehlschwalben lag zwischen 11 und 13 g. Diese Vögel hätten den Flug über die Alpen nicht bewältigt. Geht man nach RUGE vom Verhältnis bei den toten Vögeln aus, so waren am 12. Oktober 95 % der Transportierten Mehlschwalben und 5 % Rauchschwalben. Am 19. Oktober hatte sich das Verhältnis auf 55 : 45 verändert. Das Altersverhältnis war bei der Mehlschwalbe am 12. Oktober 90 % diesjährige : 10 % alte bei n = 677 (RUGE 1974).

In Ostdeutschland ist mir von der Zugkatastrophe 1974 nur ein Fall bekannt geworden. Hier wurden Ende Oktober in und um Bad Köstritz (Bezirk Gera) insgesamt 199 Schwalben gesammelt, wovon 178 Rauch- und 2 Mehlschwalben nach Nordafrika verfrachtet werden konnten (DWENGER 1976). Nach Angaben des Leipziger Zoos betrug die Gesamtzahl der seinerzeit ausgeflogenen Schwalben etwa 500.

In einem Merkblatt schreibt BRUDERER (1975) über die Fütterung und den Transport der Mehlschwalbe bei Zugkatastrophen sinngemäß folgendes: Als Notverpflegung kommt fettarmes Muskelfleisch in Frage. Die 3 bis 4 Tage nur mit zerkleinertem Fleisch gefütterten Schwalben zeigten keine Verdauungsstörungen und erholten sich gut. Weiter ist Wasser notwendig, um bei nicht selbständig fressenden Vögeln eine vernünftige Flüssigkeitszuführung zu erreichen. Am besten ist es, wenn jedes Futterbröckchen vor dem Stopfen ins Wasser getaucht wird. Mehlwürmer können als Zusatznahrung gefüttert, aber nicht ausschließlich verwendet werden. Die zur Fütterung verwendeten Fleischstücke sollten einen Durchmesser von etwa 3 mm haben. Für eine Futtergabe dürften drei bis fünf Stücke genügen. Häufige Fütterungen sind besser als viel Futter auf einmal. Es sollte möglichst tagsüber jede halbe, doch mindestens jede dritte Stunde gefüttert werden. Sehr schwierig ist die Fütterungsmethode mit befeuchtetem Fleisch an einem Stäbchen. Die Verwendung scharfkantiger Pinzetten erfordert aber einige Kenntnisse, um den Vogel nicht zu verletzen oder ein Ersticken infolge großer Futtermengen zu vermeiden. Schwalben, die Futter selbst vom Stäbchen oder vom Boden aufnehmen, wirken auf andere Individuen als Beispiel und regen sie zum Selbstfressen an.

Der Transport, der sehr große Ausfälle mit sich bringen kann, sollte als letztes Mittel zu betrachten sein. Die Verpackung erfolgt am besten in Schachteln aus starkem Karton mit einer Höhe von 20 und einer Seitenlänge von etwa 50 cm. Auf dem Boden des Kartons ist kein Polstermaterial zu legen, sondern höchstens eine Zeitung zum Aufsaugen des Kotes zu kleben. Zur Belüftung sind auf allen Seiten reichlich bleistiftdicke Löcher durch den Karton zu stechen. Ein Karton mit solchen Ausmaßen ist für 50 bis 60 Schwalben zum Transport geeignet. Bei Temperaturen in stark geheizten Räumen oder Eisenbahnwagen zeigen die Schwalben während des Transports oft starke Austrocknungserscheinungen (u. a. am Gaumen festgeklebte Zunge). Temperaturen zwischen 10 und 15 °C bieten den Schwalben die besten Überlebenschancen, da sie weniger unter Wassermangel litten. Die Transportdauer ist möglichst kurz zu halten, um zusätzliche Hungerzeit für die Schwalben zu vermeiden. Die Freilassung sollte möglichst am Morgen erfolgen, um den Vögeln am Tag der Freilassung noch eine möglichst lange Freßzeit zu ermöglichen. Als Ort der Freilassung sollten Stellen ausgesucht werden, wo in ausreichender Menge Insekten zu erwarten sind.

8.4.3 Überwinterungsversuche

Überwinterungen sind bisher nur in ganz seltenen Fällen nachgewiesen worden. Nach PLATH (in KLAFS & STÜBS 1977) ist in Mecklenburg ein Fall bekannt geworden, in dem KRAUSE eine Überwinterung von mehreren Mehlschwalben in einem Pferdestall beschreibt. In der Schweiz, auf einer Terrasse über dem Doubtal, wurden die Jungen einer Kolonie nach LÜSCHER (1975) und JACQUAT (1975) bereits am 23. 9. 1974 von Schnee und Kälte überrascht. Den anschließenden Winter, der in den Freibergen nicht hart war, überstanden etwa 20 Exemplare. Sie überlebten, weil sie an nahen Doubs, sobald die Temperatur etwas anstieg, Nahrung fanden. Nach der Nahrungsaufnahme standen sie notfalls drei oder vier Tage ohne Futter. Nachdem aber das feuchtkalte und neblige Märzwetter eingesetzt hatte, verließen die Schwalben kaum die Nester und fanden keine Nahrung mehr. Am 7. 3. 1975 wurden sie letztmalig um das ins Freie geführte Vieh herumfliegend beobachtet. Von einem weiteren Nachweis, bei dem allerdings nicht geklärt werden konnte, ob es sich um einen späten Nachzügler, ein durch Krankheit zurückgehaltenes Tier oder um einen Überwinterer handelt, berichtet LAMBERT (1956). Hier wurde am 19. 12. 1955 in Redelich bei Bad Doberan vor einem Treibhaus eine völlig erschöpfte Mehlschwalbe gefunden. KING & PENHALLURICK (1977) wiesen durch fast tägliche Beobachtung von Oktober 1974 bis Februar 1975 in Südengland die Überwinterung einer Mehlschwalbe nach. Nach GLOE (1987) wurden vom Januar bis Februar 1987 in Südspanien bis zu 20 Mehlschwalben beobachtet.

8.4.4 Beringung und Wiederfunde

Obwohl die Mehlschwalbe mit zu den häufigsten Vögeln gehört, die beringt werden, liegen noch verhältnismäßig wenig Rückmeldungen vor. Wie gering die Aussicht auf Wiederfunde ist und wieviele Mehlschwalben bisher beringt werden konnten, soll hier für einige Beringungszentralen aufgeführt werden. So wurden nach SIEFKE et al. (1974) von 1964 bis 1968 in Ostdeutschland 5 138 Mehlschwalben beringt, von denen 13 (= 0,25 %) Rückmeldungen vorliegen. In der Schweiz sind nach SCHIFFERLI (1967) von 1911 bis 1966 13 074 Exemplare mit Ringen markiert worden, die 45 (= 0,34 %) Wiederfunde ergaben. Bedeutend höher liegt die Wiederfundrate im ehemaligen Jugoslawien beringten Mehlschwalben, denn hier wurden nach ŠTROMAR (1972) von 1910 bis 1972 2 221 Exemplare beringt, von denen 20 (= 0,90 %) zurückgemeldet wurden. Von 1947 bis 1971 sind von der Vogelwarte Radolfzell 42 335 Mehlschwalben beringt worden, von denen 55 (= 0,13 %) Wiederfunde vorliegen (ZINK 1975). Hier und in den nächsten beiden Angaben wurden die Kontrollfänge der Beringer am Beringungsort nicht mitgerechnet. In Großbritan-

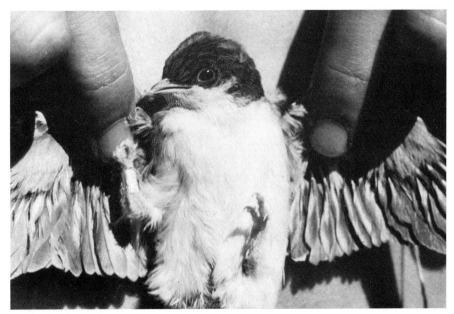

Abb. 57: Beringter Jungvogel. Foto: G. HÜBNER.

nien und den Niederlanden wurden nach ZINK (1975) bis 1970 60 041 bzw. 10 199
Mehlschwalben beringt, von denen bis 1971 436 (= 0,73 %) und 31 (= 0,30 %) Rückmeldungen vorlagen. Es dürften also weiterhin Beringungen erwünscht sein.

Zur Beringung der nestjungen Mehlschwalben in Naturnestern wird in dem Merkblatt für die wissenschaftliche Vogelberingung (Vogelwarten Helgoland & Radolfzell 1952) folgendes vorgeschlagen: »Es ist oft nötig, den Nesteingang zu erweitern,
Vorsicht, daß sich hierbei nicht das ganze Nest ablöst. Sollte das einmal geschehen,
kann man die Jungen auf benachbarte Nester verteilen, auch wenn im Alter nur
ungefähr passend. Hier und dort wird es möglich sein, mit Zeige- und Mittelfinger
(als Greifzange) die Jungen herauszuziehen. In anderen Fällen ist vorsichtiges
Erweitern der Öffnung (Abkrümeln von außen nach innen ohne Beschädigung der
Ansatzstelle an der Decke) erlaubt, da sie gleich wieder von den Schwalben verbaut
wird. Sehr starkwandige und mürbe Nester, die durch vorsichtiges Klopfen mit
dem Fingerknöchel erkannt werden können, werden am besten nicht angetastet«.

Bei den Kunstnestern erübrigen sich diese Umstände, denn sie können herunterge-
nommen werden. Man kann auch vor dem Hellwerden die Nesteingänge mit
Schaumstoffpfropfen schließen, um die Nestinsassen zu fangen. Das Zustopfen der
Nesteingänge mit Schaumstoffpfropfen hat sich nach HUND (brfl.) als nicht vorteilhaft erwiesen, da praktisch das ganze Loch geschlossen ist. Die Schwalben waren
dann jeweils bei der Kontrolle feucht. Leicht zugespitzte Flaschenkorken sind viel
leichter zu handhaben und sorgen für genügend Luftaustausch. Erfolgreich ist auch
der Fang mit Japannetzen, die an Stangen vor die Nester gehalten werden.

Über den Fang der alten Mehlschwalben zur Zeit der Bebrütung des Geleges wird
in der Literatur Unterschiedliches berichtet. LIND (1962) schreibt, daß man während
dieser Zeit von einem Fang möglichst Abstand nehmen sollte, da die Hälfte der
Altvögel das Nest in Stich läßt. Zu völlig anderen Ergebnissen gelangen BALÁT
(1974), RHEINWALD (1979), BRYANT (1979) und HUND & PRINZINGER (1979), die die
Verluste durch Fang der Altvögel mit etwa 5 % angeben. HUND (brfl.) glaubt, daß
die Empfindlichkeit der Altvögel gegenüber Fang im Nest hauptsächlich von zwei
Faktoren, dem Wetter und dem Zustand der Brut, abhängt. Bei schlechtem regnerischem Wetter sind die Altvögel empfindlicher als bei sommerlich warmen Temperaturen. Ebenso sind die Schwalben intoleranter als bei fast flüggen Jungen, wenn
frische oder hochbebrütete Eier oder kleine Junge im Nest sind. Die Jungen sollten
etwa im Alter von 10 Tagen beringt werden. Nach DIERSCHKE (1988) wurden auf
Helgoland durch Abspielen von Klangattrappen vor einem Japannetz gute Fanger-
gebnisse erzielt.

9 Parasiten, Feinde und andere Todesursachen

»Das Mehlschwalbennest dient nicht nur als Kinderstube für die kleinen Mehlschwalben, es ist auch eine wichtige Brutstätte für eine ganze Reihe anderer zu den Spinnentieren und Insekten gehörenden Tierarten. Jeden Mai, wenn die Mehlschwalben mit dem Bau ihres Nestes beginnen, stellen sich die Mitbewohner ein. Einige Arten davon bringen die Mehlschwalben in ihrem Gefieder mit, andere kommen zu Fuß aus den Mauerritzen in Nestnähe — wo ja meist auch im Vorjahre bewohnte Nester waren — angewandert und noch andere kommen von weit her angeflogen« (v. GUNTEN 1961).

Während diese »Nestmitbewohner« anfangs nur vereinzelt vorkommen, vermehren sie sich bis zum Ende der Brutperiode um ein Vielfaches. Sie halten sich im Inneren des Nestes im Nestmull, den Wänden und im Gefieder der Schwalben auf.

Nach LÖHRL (1973) verursachen auch die Parasiten unter normalen Witterungsbedingungen keine Schädigung der Schwalbenbruten. Wirt und Schmarotzer sind offenbar so gut einander angepaßt, daß beide zu leben vermögen. Bei Schlechtwetterlagen ist dagegen durchaus wahrscheinlich, daß ein starker Parasitenbefall den Tod junger Schwalben herbeiführt oder beschleunigt. LÜHMANN (1937) schreibt, daß nach EICHLER für Vogelbruten durch Blutentzug im allgemeinen wohl nur Wanzen, Lausfliegen, Zecken und blutsaugende Fliegenmaden gefährlich werden können.

Wie schlimm Parasiten gerade in Mehlschwalbennestern hausen können, geht daraus hervor, »daß man manchmal unter den Neststellen auf dem Boden völlig ausgewachsene Junge findet, die statt der Flügelfedern nur mehr oder weniger mißgebildete Kiele tragen (HEINROTH 1924). Als Parasiten der Mehlschwalbe kommen in Betracht:

9.1 Ektoparasiten

F e d e r l i n g e . *Brüelia g. gracilis, Philopterus e. excisus, Ph. quinquemaculatus*

Nach NIETHAMMER (1937) finden sich Federlinge bei gesunden Vögeln kaum in größerer Anzahl. Sie vermehren sich erst dann übermäßig, wenn der Wirt in seiner Gesundheit schon irgendwie beeinträchtigt ist und nun seine Körperpflege vernachlässigt. Nach EICHLER (1953) hat THOMPSON in zahlreichen Mehlschwalbennestern sorgfältig nach Federlingen gesucht und keine gefunden.

W a n z e n . *Oeciacus h. hirundinis, Cimex lectularius*

Die Schwalbenwanze (*Oeciacus h. hirundinis*) ist regelmäßiger Parasit der Mehlschwalbe und wird oft zu vielen hunderten im Nest gefunden. KAISER (1957) zählte z. B. in einem Nest 604 lebende (251 ♂♂, 232 ♀♀ und 121 Larven) sowie 41 tote

Wanzen. In der Oberlausitz konnten ENGELMANN (1969) und STRIESE (brfl.) bis über 90 bzw. max. 174 Schwalbenwanzen je Nest registrieren. DJONIĆ (1937) wies die Bettwanze (*Cimex lectularius*) im Nest der Mehlschwalbe nach, doch handelt es sich möglicherweise um eine Fehlbestimmung: NIETHAMMER (1937) führt diese Art nicht als Parasit auf, sondern weist lediglich darauf hin, daß sie infolge ihrer großen Ähnlichkeit mit der Schwalbenwanze Anlaß zu der Behauptung gegeben habe, die Bettwanzen würden durch die Schwalben übertragen.

Lausfliegen. *Stenepteryx hirundinis, Ornithomyia biloba*

Während *Stenepteryx hirundinis* nach NIETHAMMER regelmäßiger Parasit der Mehlschwalbe ist, kommt *Ornithomyia biloba* nur gelegentlich vor. Nach BÜTTIKER & AESCHLIMANN (1974) können diese Schmarotzer bei starkem Befall infolge Blutentzug Jungvögeln empfindlichen Schaden zufügen. Nach der Anzahl der Flecken auf den ursprünglich weißen Eiern kann man auf die Stärke des Befalls der Lausfliege schließen.

Abb. 58: Lausfliegen und Pupparien aus einem Schwalbennest. Foto: H. LÖHRL.

Schmeißfliegen. *Protocalliphora azurea*

Nach BÜTTIKER & AESCHLIMANN (1974) sind in der Schweiz die Larven dieser Art in Mehlschwalbennestern nachgewiesen worden. Nach erfolgter Blutmahlzeit an den Jungen begeben sich die Larven jeweils in die Nestmulde. Bei starkem Befall werden Jungvögel geschädigt oder sogar tödlich parasitiert.

Vogelblutfliegen. *Protocalliphora c. caerulea, Calliphora erythrocephala, Muscina stabulans*

Die Maden der Vogelblutfliegen ernähren sich nicht von faulendem oder pflanzlichem Material, sondern sie saugen Blut an den Jungschwalben.

Flöhe. *Ceratophyllus hirundinis, C. farreni, C. fringillae, C. gallinae, C. frontalis, C. lactus, C. laverani, C. maculatus, C. numidus, C. rusticus, Monopsyllus sciurorum*

C. hirundinis ist nach NIETHAMMER der häufigste Floh der Mehlschwalbe, manchmal befinden sich über 1 000 in einem Nest. PEUS (1967) konnte in 24 Mehlschwalbennestern auf Fehmarn (Ostsee) *C. rusticus* in großer Menge nachweisen, wohingegen diese Art nach NIETHAMMER bei der Mehlschwalbe nur gelegentlich vorkommt. *C. frontalis* und *C. numidus* sind selten in Mehlschwalbennestern. *C. laverani* wurde nur ausnahmsweise festgestellt, und bei *C. lactus* ist der Nachweis noch unsicher.

Milben. *Dermanyssus gallinae, D. hirundinis, Magninia aestivalis subintegra, Pterodectes rutilus, »Pteronyssus« infuscatus, »P.« obscurus, Trouessartia appendiculata minutipes*

Nach V. GUNTEN (1961) ist *Dermanyssus hirundinis* regelmäßig in einigen hundert Stück in jedem Mehlschwalbennest anzutreffen. An manchen Nestern sind diese Milben auch massenhaft außerhalb des Nestes vorhanden.

9.2   Entoparasiten

Saugwürmer. *Eumegacetes contribulans, Plagiorchis maculosus, Prosthogonimus ovatus* (NIETHAMMER 1937)

Bandwürmer. *Angularella beema, Anomotaenia depressa, A. hirundina, A. ovolaciniata, A. rustica, Paricterotaenia parvirostris* (NIETHAMMER 1937)

Fadenwürmer. *Acuaria attenuata, A. papillifera, Capillaria papillifer, Diplotriaena obtusa, D. tricuspis* (NIETHAMMER 1937)

Nach V. GUNTEN (1961) und RESSEL (1963) gibt es noch eine ganze Reihe von Tierarten, die mitunter in Schwalbennestern aufgefunden werden. Zu diesen »Nestgästen« zählen: Tausendfüßer (*Geophilus* spec.), Asseln, Afterskorpione (*Cheiridium museorum, Chelifer cancroides*), Motten (*Tinea columbariella, Tinea pellionella*), Schlupfwespen (*Mormoniella vitripennis*), Speckkäfer (Larven von *Dermestes* spec.) sowie verschiedene andere Käfer und Fliegen.

9.3   Vögel als Räuber

Als Freßfeinde der Mehlschwalbe spielen die Tag- und Nachtgreifvögel keine große Rolle, obwohl — wie nachfolgend ausgeführt — der Anteil der Mehlschwalbe am Nahrungsspektrum manchmal sehr hoch ausfallen kann.

9.3.1   Greifvögel

Sperber (*Accipiter nisus*)

UTTENDÖRFER (1930, 1952) wies von 12 987 bzw. 58 077 Beutevögeln dieser Art 111 bzw. 476 Mehlschwalben nach. Das bedeutet, daß der Anteil der Mehlschwalbe nur 0,85 und 0,82 % beträgt. Im Oberen Erzgebirge fand FEHSE (1975) unter 102 Beutevögeln nur 1 Mehlschwalbe. Eine Ausnahme stellen die Untersuchungen von SYNNATZSCHKE (1974) dar, denn er wies im Harzvorland dem Sperber unter 83 Vögeln 4 Mehlschwalben nach. Wegen des im Vergleich zu den Erhebungen von UTTENDÖRFER wenig umfangreichen Materials darf dieser recht hohe Anteil (4,82 %) aber nicht überbewertet werden.

Habicht (*Accipiter gentilis*)

UTTENDÖRFER (1952) fand beim Habicht unter 8 309 Beutevögeln nur 1 Mehlschwalbe. Bedeutend höher liegt der Anteil der Mehlschwalbe, die dem Habicht von SCHNURRE (1973) auf Rügen nachgewiesen wurde. Unter 1 385 Vögeln befanden sich 23 Mehlschwalben.

Rot- und Schwarzmilan (*Milvus milvus, M. migrans*)

Dem Schwarzmilan wies UTTENDÖRFER (1952) unter 155 Beutevögeln 1 Mehlschwalbe nach. Unter den Resten von erbeuteten Vögeln fanden PFLUGBEIL & KLEINSTÄUBER (1954) in Rot- und Schwarzmilanhorsten auch Reste der Mehlschwalbe. Nach Meinung dieser Autoren dürften die Mehlschwalben aufgesammelt oder anderen Greifvogelarten abgejagt worden sein.

Rohrweihe (*Circus aeruginosus*)

BOCK (1978) wies unter 772 Beutevögeln 6 Mehlschwalben nach.

Baumfalke (*Falco subbuteo*)

Von den Greifvögeln fügt der Baumfalke der Mehlschwalbe die größten Verluste zu. BAUMGART (1971) erlebte in Bulgarien wiederholt, wie Baumfalken plötzlich unter hochfliegenden Mehlschwalben auftauchten, sie in die Höhe trieben und dann versuchten, aus dem jetzt eng zusammengeballten Schwarm einzelne ausbrechende Schwalben zu schlagen. In der Oberlausitz konnte ich ähnliches Vorgehen des Baumfalken gegenüber Mehlschwalben beobachten.

Während UTTENDÖRFER (1930) dem Baumfalken bis 1930 von 242 Beutevögeln nur 11 Mehlschwalben nachweisen konnte, ergaben spätere Untersuchungen durch diesen Autor, daß unter 916 Vögeln 92 Exemplare waren. SCHNURRE (1956, 1973) fand auf Rügen unter 51 Beutevögeln des Baumfalken 7 Mehlschwalben, und im Barther Stadtholz waren unter 51 bzw. 24 erbeuteten Vögeln 6 und 3 Exemplare. In der Südlausitz wies KRAMER (1956) unter 152 12 und CREUTZ (1974) in der Oberlausitz bei 24 Beutevögeln 3 sowie FIUCZYNSKI (1979) in Berlin (West) unter 500 Beutevögeln 12 Mehlschwalben nach.

Diese Angaben lassen erkennen, daß die Mehlschwalbe mit durchschnittlich fast 10 % im Nahrungsspektrum des Baumfalken vertreten ist — ein im Vergleich zu anderen Greifvögeln bemerkenswert hoher Anteil!

Wanderfalke (*Falco peregrinus*)

Bei dieser Vogelart ist der Anteil der Mehlschwalbe als Beute sehr niedrig. UT-TENDÖRFER (1930, 1952) wies dem Wanderfalken unter 2 417 und 6 410 Vögeln 3 (= 0,12 %) und 6 (= 0,09 %) Mehlschwalben nach. In Baden-Württemberg fand ROCKENBAUCH unter 6 968 Beutevögeln 13 Mehlschwalben (HÖLZINGER 1987). Den relativ höchsten Anteil an Mehlschwalben stellte SCHNURRE (1956) bei einem Wanderfalken auf der Darßhalbinsel (Mecklenburg) fest, denn hier befanden sich unter 269 und 572 Vögeln jeweils 2 (= 0,74 bzw. 0,35 %) Mehlschwalben.

Sonstige Greifvögel

Gelegentlich werden Mehlschwalben noch von folgenden Greifvogelarten erbeutet: Lanner (*Falco biarmicus*) — JANY (1960), Merlin (*Falco columbarius*) — KIVIRIKKO (1947), HORTLING (1929), MUNSTERHJELM (1911), Turmfalke (*Falco tinnunculus*) — UTTENDÖRFER (1952), SELONKE (1984).

9.3.2   Eulen

Schleiereule (*Tyto alba*)

Nach V. VIETINGHOFF-RIESCH (1957) werden Mehlschwalben von Schleiereulen meist nachts aus den Nestern gezogen. Dies konnte auch LIERATH (1960) im Juni 1957 in Bad Gandersheim/HARZ beobachten. UTTENDÖRFER (1952) und GÖRNER (1978) wiesen der Schleiereule unter 2 065 bzw. 369 Beutevögeln 95 (= 4,60 %) und 31 (= 8,67 %) Mehlschwalben nach.

Sperlingskauz (*Glaucidium passerinum*)

Die Mehlschwalbe fehlte bisher auf den Beutelisten. Sie wurde jedoch neuerdings in Finnland von MIKKOLA (1972) nachgewiesen. Unter 337 Vögeln befanden sich 4 (= 1,19 %) Mehlschwalben. Auch im Westerzgebirge fand SCHÖNN (1978) unter 239 Beutevögeln 3 (= 1,26 %) Exemplare dieser Art.

Steinkauz (*Athene noctua*)

Dem Steinkauz konnte nach UTTENDÖRFER (1952) unter 34 Vögeln nur 1 Mehlschwalbe nachgewiesen werden. OWEN (1939) führt für England die Art als Beute des Steinkauzes auf und in der Gesamtbeuteliste der Wirbeltiere für den Steinkauz in Mittel- und Südeuropa (SCHÖNN et al. 1991) wird die Mehlschwalbe ebenfalls aufgeführt.

Waldkauz (*Strix aluco*)

Nach BICHELER (1974) riß in zwei Fällen in Luxemburg ein Waldkauz jeweils ein Mehlschwalbennest herunter. Ob Nestlinge vom Kauz verzehrt wurden, konnte nicht bewiesen werden. LÖHRL (brfl.) fand in einem Nest eine von ihm beringte Mehlschwalbe, die längst flugfähig war, ohne Kopf. Er nimmt an, daß es ein Waldkauz (oder ein Greifvogel?) war, der den herausschauenden Kopf erwischt hatte, ohne daß er die Schwalbe vollends herausholte. Bei der Population in Riet hat der Waldkauz wiederholt Mehlschwalben in der Nacht erbeutet, aus Kunst- und Naturnestern, die dabei zerbrachen. Der Waldkauz erbeutete unter etwa 6 000 Vögeln 35 (~ 0,58 %) Mehlschwalben. In der Sächsischen Schweiz wies MÄRZ (1954) unter 465 Rupfungen 6 (= 1,29 %) und auf Rügen SCHNURRE & MÄRZ (1970) unter 862 Vögeln 10 (= 7,89 %) Mehlschwalben nach.

Waldohreule (*Asio otus*)

Auf Amrum befanden sich nach SCHNURRE et al. (1975) unter 1 170 Vögeln 2 (= 0,17 %) Mehlschwalben. UTTENDÖRFER (1952) führt lediglich in seiner Übersicht 9 Mehlschwalben als Beute der Waldohreule auf.

9.3.3 Andere Vogelarten

Buntspecht (*Dryobates major*)

In Schweden holte sich nach ARLEBO (1975) ein Buntspecht die Jungen aus zwei Mehlschwalbennestern. In Riet wurden Kunstnester vom Buntspecht ausgeraubt, wobei er den Eingang vergrößerte (LÖHRL brfl.). Nach LIND (1962) ist diese Art wahrscheinlich ein häufiger Zerstörer der Mehlschwalbennester. PRING (1929) hat folgende Beobachtung gemacht: Ein Buntspecht hieb ein Loch in den Boden des Mehlschwalbennestes, zog die Eier oder Jungen heraus und fraß die Jungen oder Embryonen. Unbebrütete Eier wurden von ihm liegen gelassen.

Neuntöter (*Lanius collurio*)

BORK (1984) und SCHREUS (MANSFELD 1958) nennen die Mehlschwalbe als Beute des Neuntöters, und in Finnland holte nach BERGMAN (1978) ein Neuntöter-♂ mindestens 5 junge Mehlschwalben aus den Nestern.

Raubwürger (*Lanius excubitor*)

Gelegentlich werden auch fliegende Mehlschwalben vom Raubwürger erbeutet (MUNSTERHJELM 1911, HORTLING 1929, GLUTZ 1962, GREENWOOD 1967 und DATHE 1975).

Elster (*Pica pica*)

Hohe Gelegeverluste bei der Mehlschwalbe können spezialisierte Elstern verursachen (SCHRÖDTER in KRAUSE 1983).

Anschließend noch einige Beobachtungen über das zufällige Erbeuten von Mehl-schwalben, auch wenn im dritten Falle ein Froschlurch als Freßfeind festgestellt wurde.

Teichralle (*Gallinula chloropus*)

Eine nistmaterialholende Mehlschwalbe wurde von einer Teichralle ergriffen (BENTHAM 1930).

Lachmöwe (*Larus ridibundus*) und Sturmmöwe (*Larus canus*)

Ermattete Erwachsene sowie geschwächte Jungvögel werden mitunter von diesen beiden Vogelarten gefangen (KUMERLOEVE 1975, BERGMAN 1978).

Seefrosch (*Rana ridibunda*)

STEINBACHER (1970) berichtet über einen Fall aus der Dobrudscha (Rumänien), wonach eine gerade flügge Mehlschwalbe ins Wasser fiel und von einem Seefrosch ergriffen und verschluckt wurde.

9.4   Säugetiere als Räuber

Bei der Rauchschwalbe spielen Rotfuchs (*Vulpes vulpes*), Marder (*Martes* spec.), Wiesel (*Mustela* spec.), Iltis (*Mustela putorius*), Katzen (*Felis catus*) und Ratten (*Rattus* spec.) nach v. VIETINGHOFF–RIESCH (1955) als Vertilgerkreis eine untergeordnete Rolle. Ebenso ist es bei der Mehlschwalbe, denn ich konnte in der Literatur nur wenige Angaben finden.

Marder (*Martes* spec.)

Nach BRUDERER & MUFF (1979) wurde 1962 in einem Ort in der Schweiz der Marder (Steinmarder?) als Feind der Mehlschwalbe nachgewiesen.

Katze (*Felis catus*)

Nach LIND (1962) ist die Katze imstande, an die Mehlschwalbennester zu klettern und sie herunterzureißen, um dann die Eier und die Jungen zu fressen. FREYTAG (1962), der in einer Mehlschwalbenkolonie Altvögel beringte, ließ dieselben nach Anbringen des Ringes aus der Hand auffliegen. Die Vögel strichen dabei dicht über dem Boden ab. Diesen Vorgang schien eine Katze aus nicht zu großer Entfernung beobachtet zu haben und riß die nächste Schwalbe blitzschnell mit der rechten Vordertatze herab.

Eine ähnliche Beobachtung konnte ich in einer kleinen Mehlschwalbenkolonie machen. Die Nester befanden sich etwa 3 m hoch an den Deckenbalken einer Durchfahrt, und die Schwalben hatten nur die Möglichkeit, durch die vom Hof offene Seite einzufliegen. Wenn die Mehlschwalben die Nester verließen, flogen sie in einer Höhe von etwa einem halben Meter über dem Erdboden aus der Durchfahrt. Bei diesem »Tiefflug« gelang es einer Katze einige Jahre hindurch, mit der Vordertatze öfters Schwalben zu fangen. LÖHRL (1956) berichtet von einer Katze, die Mehlschwalben fing, welche an einer Pfütze Nistmaterial sammelten.

Hausratte (*Rattus rattus*)

LÜHMANN (1937) konnte mehrmals beobachten, daß sich Hausratten in Mehlschwalbennester eingenistet hatten und somit in kurzer Zeit Bruten und Kolonien vernichteten.

Hermelin (*Mustela erminea*) und Mauswiesel (*Mustela nivalis*)

Diese beiden Arten wurden von MUNSTERHJELM (1911) in einer Kolonie von 150 Brutpaaren in Nordfinnland als Feinde der Mehlschwalbe nachgewiesen.

9.5 Negative Einflüsse des Menschen

Obwohl in der Modernisierung und Intensivierung der Landwirtschaft niemand eine direkt gegen die Mehlschwalbe gerichtete Maßnahme sehen wird, spielen die daraus resultierenden Veränderungen eine nicht unerhebliche Rolle für die Bestandssituation dieser Vogelart. Nach LÖHRL (1973) sind »moderne Gebäude, auch landwirtschaftlicher Art, oft so gebaut, daß man den Eindruck haben könnte, es sei beabsichtigt worden, die Mehlschwalben fernzuhalten«. Zudem hat die Mehlschwalbe in den Dörfern und Städten oft große Schwierigkeiten, das Material für den Nestbau heranzuschaffen, da es keine geeigneten feuchten Stellen mehr gibt. Glücklicherweise kommt es nicht oft vor, daß aus Gründen der Reinlichkeit — oft beschmutzten Mehlschwalben die Wände und die Stellen unter den Nestern stark — die Nester zerstört werden.

Nicht so günstige Mitteilungen machen LIND (1962), SUMMERS-SMITH & LEWIS (1952) sowie V. GUNTEN (1957). Wie sich in Finnland, in England und in der Schweiz zeigte, waren die meisten Zerstörungen und beachtenswerte Verminderungen der Mehlschwalbenkolonien auf den Einfluß des Menschen zurückzuführen. Nach LIND weisen manche Beobachtungen darauf hin, daß die Vernichtung der Mehlschwalbennester ein Anlaß ist, einen anderen Nistplatz zu wählen. In zwei Fällen kehrten die Mehlschwalben erst nach vier bzw. acht Jahren an den alten Brutplatz zurück. Nach einer Feuersbrunst in den Tiroler Alpen, bei der die von der Mehlschwalbe besiedelten Häuser des Dorfes niederbrannten, siedelten die Vögel an die in unmittelbarer Nähe befindlichen Felsen um und brüteten dort. Jahrelang kehrten sie nach HOFFMANN (1927) nicht in das wiederaufgebaute Dorf zurück.

In Italien sah JANY (1959), daß Kinder viele unter dem vorspringenden Dach klebende Nester mit langen Stangen herunterstießen, um der Jungen habhaft zu werden.

9.5.1 Verluste durch Glasflächen

Als unangenehme Begleiterscheinung der neuzeitlichen Bautechnik mit ausgedehnten Glasflächen werden in der letzten Zeit immer wieder Vogelverluste beklagt. Es handelt sich hierbei überwiegend um durchblickbare Verbindungsgänge, Treppenhäuser usw., die den Vögeln zum Verhängnis werden. Der Grund liegt darin, daß die Vögel die Glasfläche nicht als Hindernis erkennen und im vollen Flug dagegen fliegen. Die Verluste liegen im Frühjahr und im Herbst während der Zugperiode am höchsten.

Ein Beispiel mag hier für viele stehen: Nach SCHMITZ (1969) verunglückten von 1966 bis 1968 an den Glasflächen (insgesamt 1 064 m^2 des Athenäum in Luxemburg–Merl 408 Vögel, von denen 18 = 4,4 % Mehlschwalben waren. Die wirklichen Verluste liegen nach SCHMITZ etwas höher, da die von Katzen entdeckten und verschleppten Vögel sowie die Tiere, die mit Verletzungen erst in einiger Entfernung eingingen, nicht mitgerechnet sind. Etwa sieben Jahre später wurden von DIEDERICH (1977) jährlich ungefähr nur 30 tote Vögel, vorher waren es pro Jahr durchschnittlich 140, an diesem Ort gefunden. Unter 146 Exemplaren wurden nur noch 4 Mehlschwalben registriert. Die geringere Verlustquote ist darauf zurückzuführen, daß in unmittelbarer Nähe des Athenäum, welches vorher frei stand, einige mehrstöckige Häuser errichtet wurden.

9.5.2 Verluste auf Straßen

Der zunehmende Verkehr auf den Straßen ist auch eine Gefahrenquelle für die Vögel. Erfreulicherweise ist die Mehlschwalbe bisher nur in geringer Anzahl Opfer des Straßenverkehrs geworden. Bedeutend höher liegen die Unfälle bei der Rauchschwalbe, deren Verluste auf den betreffenden Strecken zum Vergleich jeweils in Klammern beigefügt sind. Die höheren Ausfälle der Rauchschwalbe hängen mit der unterschiedlichen Jagdweise der beiden Arten zusammen.

Von BERGMANN (1974) wurde während einer vierjährigen Kontrollzeit bei fast täglichen PKW–Fahrten auf einer 15,5 km langen Strecke von Landes- und Kreisstraßen in Hessen unter 625 toten Vögeln nur eine Mehlschwalbe (*Hirundo rustica* dagegen 24) nachgewiesen. LÜPKE (1970) fand in den Jahren von 1960 bis 1963 jeweils von März bis September auf einer 14 km langen Straße, die 9 km durch Felder und Viehweiden und etwa 5 km durch Hochwald in Mecklenburg führt, unter 416 verunglückten Exemplaren drei Mehlschwalben (*H. r.* = 35). Ähnliches stellte auch HELDT (1961) fest, der in knapp zwei Jahren im Nordwestdeutschland unter 101 toten Vögeln auf den Straßen nur 2 Mehlschwalben (*H. r.* = 22) fand. Im Zeitraum von 1974 bis 1977 wurden nach BRÄUTIGAM (1978) auf einer 5 km langen Strecke von Altenburg nach Geithain 692 Individuen nachgewiesen, unter denen sich 14 Mehlschwalben (*H. r.* = 33) befanden. Während größerer Exkursionen, die auf verschiedenen Straßen Europas durchgeführt wurden, fand HAAS (1964) unter 1 850 verunglückten Exemplaren sechs Mehlschwalben (*H. r.* = 139).

9.6   Verluste anderer Art

Nach CALLSEN (1962) verschluckte eine Mehlschwalbe zwei Roßhaare, die mit den anderen Enden im Lehm des Nestes in der Nähe des Eingangs vermauert waren. Dadurch konnte sie nicht freikommen und flatterte aufgeregt herum, während eine fast flügge Mehlschwalbe aus diesem Nest nach ihr stieß. Der Autor befreite sie aus dieser Lage, die bestimmt zum Tode geführt hätte. Am Nest erhängte Mehlschwalben wiesen BENNET (1962), HEER (1979) und WEBER (1968) nach.

Verluste ganz anderer Art stellte HONEGGER (1957) im August 1956 in Thun (Schweiz) fest. Hier war in den Abendstunden ein Unwetter eingetreten und die im Durchmesser drei Zentimeter großen Hagelkörner töteten 130 Vögel, unter denen sich 45 Mehlschwalben befanden.

Zu den Vogelarten, die in Baden–Württemberg verendet in Rebnetzen aufgefunden wurden, gehört auch die Mehlschwalbe (HÖLZINGER 1987).

Durch Insektizide ist in einem Gebiet Schwedens nach OTTERLIND & LENNERSTEDT (1964) der Bestand der Mehlschwalbe um 80 % gesunken. Sehr wahrscheinlich sind diese ein nicht zu unterschätzender Faktor, wenn es um die Klärung der Ursachen von Bestandsrückgängen geht. Weitere Daten über einen direkten oder indirekten Einfluß liegen im speziellen Falle allerdings nicht vor.

9.7   Mortalität und Alter

Unter Mortalität oder Sterblichkeit wird der Abgang von Individuen durch Tod während einer Zeiteinheit verstanden. Nach RHEINWALD (in HUND & PRINZINGER 1979) betrug bei der Mehlschwalbe die Mortalitätsrate nach mehrjährigen Untersuchungen im Enzbecken bei Stuttgart und nach Ringfunden nur etwa 50 % , bis zum Erreichen der Brutreife dagegen 70 bzw. 80 % (RHEINWALD & GUTSCHER 1969). Eine Population am Thuner See in der Schweiz hatte nach v. GUNTEN (1963) (Neuberechnung durch RHEINWALD) eine Mortalität von 57 %. Bei einer Auswertung der von der schwedischen Beringungszentrale Ottenby mitgeteilten Fangdaten von Mehlschwalben fanden RHEINWALD & GUTSCHER (1969) eine durchschnittliche Mortalität von etwa 60 %. Die von diesen Autoren in Württemberg nachgewiesene Mortalitätsrate ist eine der niedrigsten, die bei Singvögeln bisher bekannt wurde. Gegenüber den Populationen in der Schweiz und Schweden rührt die geringe Mortalität in Württemberg nach RHEINWALD & GUTSCHER daher, »daß Riet in einer klimatisch günstigen Landschaft liegt«. Die Sterblichkeit in der Schweiz und in Schweden ist demnach eine überdurchschnittliche, »so daß die Populationen nur durch erheblichen Zugang von außen konstant bleiben können«.

Die Mortalität bis zum Erreichen der Brutreife hängt nach RHEINWALD & GUTSCHER (1969) sowie HUND & PRINZINGER (1979) ganz entscheidend vom Zeitpunkt des Schlüpfens ab.

Die Lebenserwartung für die Brutvögel beträgt nach RHEINWALD & GUTSCHER (1969) 2,5 ± 0,9 Jahre. Während in der Schweiz nach GLUTZ (1964) das bisherige Höchstalter der Mehlschwalbe mit 4,75 Jahren ermittelt wurde, beträgt es in der ehemaligen ČSSR nach BEKLOVÁ (1976) knapp 6,5 Jahre. Mehlschwalben im Alter von 7 Jahren wurden in Schweden (JENNING 1955), Finnland (STÉN 1969) sowie in Westdeutschland in Riet (RHEINWALD & GUTSCHER 1969) nachgewiesen (vgl. Tab. 19). Das bisher festgestellte Höchstalter beträgt sogar 14 Jahre und 6 Monate (RYDZEWSKI 1978).

Tab. 19: Altersaufbau der Mehlschwalbenpopulation in Riet (Württemberg) in den Jahren 1967 und 1968. Nach RHEINWALD & GUTSCHER (1969).

Alter (Jahre)	Anteil (%)		Mittel
	1967	1968	
1	42,6	29,6	36,1
2	23,7	31,8	27,8
3	14,1	15,2	14,7
4	13,6	11,4	12,5
5	4,2	10,2	7,2
6	1,8	0,0	0,9
7	0,0	1,8	0,9

10 Schutzmaßnahmen

10.1 Schutzwürdigkeit

SCHACHT (1877) berichtet im vorigen Jahrhundert, daß man im Teutoburger Wald die Rauchschwalbe immer freundlich willkommen heißt und ihr die weitgehendsten Freiheiten bei Anlage ihres Nestes gestattet. Der Mehlschwalbe »tritt man dagegen immer verdrießlich entgegen; nicht etwa, weil die ländlichen Wohnungen durch den Kot der Jungen verunziert werden, nein, weil, wie man törichterweise erwähnt, das Schwalbennest eine gefürchtete Brutstätte der Bettwanze sei«. Es wurde also befürchtet, daß die Mehlschwalbe diese Wanzen auf die Menschen übertrage.

Heute liegt mancherorts ein anderer Grund vor, die Mehlschwalben von den Gebäuden fernzuhalten. Hier geht es lediglich um die Verschmutzungen, die während der Aufzucht der Jungen auf dem Boden unter dem Nest auftreten. Durch Anbringen von Brettchen oder anderem Material unter dem Nest kann hier jedoch Abhilfe geschaffen werden. HUND & PRINZINGER (1979) berichten z. B., daß es ihnen während ihrer umfangreichen Untersuchungen noch nicht gelungen ist, die Kunstnesterzahl auch nur in einem Dorf über wenigstens vier Jahre konstant zu halten. Als Gründe führen sie Dorfverschönerungen, Ausbauten, Brände und Kotverschmutzungen auf. Auch nach dem Merkblatt des Deutschen Bundes für Vogelschutz ist besonders in Neubaugebieten stadtnaher Gemeinden häufig festzustellen, daß deren Bewohner — oft Städter — kein Verständnis für die Architektur moderner Gebäude haben und diese auch im ländlichen Bereich oft geradezu schwalbenfeindlich sind, weil keine Möglichkeit zum Ankleben der Nester besteht (s. Kap. 9.5).

Bei all diesen aufgeführten Gründen, die Ansiedlungsversuche der Mehlschwalbe zu verhindern, sollte man doch bedenken, daß diese Vogelart mit zu den besonders schützenswerten gehört. Durch das Anbringen der Kunstnester, auf die noch eingegangen wird, besteht ja in gewisser Hinsicht die Möglichkeit, den Ort der Kolonie selbst zu bestimmen.

Die Mehlschwalben müssen aber auch noch mit einer weiteren Schwierigkeit fertig werden. In der letzten Zeit sind viele Straßen und Höfe gepflastert, betoniert oder mit einer Asphaltdecke versehen worden, und so ist es für die Schwalben schwer, geeignetes Nistmaterial zu beschaffen. Es sollten daher geeignete Plätze während der Brutperiode immer feucht gehalten werden. Nach MANSFELD (1954) setzt man bei leichten Böden der »Schwalbenpfütze« am besten Lehm und kurzen Kuhdung zu. In Luxemburg half SCHMIT nach WASSENICH (1960) in Baunot geratenen Mehlschwalben damit, daß er breite und flache Blechbehälter mit Torf und nassem Lehm füllte. Aus dem dargebotenen Material wurden in einem Jahr insgesamt 25 Nester gebaut. Es ist wichtig, diese Stelle besonders bei sonnigem und trockenem Wetter feucht zu halten, da die Mehlschwalben nicht etwa bei regnerischem, sondern bei klarem und trockenem Wetter bauen.

10.2 Nisthilfen und Kunstnester

Als Gefahrenquelle erweist sich auch der Schwerverkehr auf den Straßen; die dabei auftretenden Erschütterungen können ältere Nester zum Abfallen bringen (Abb. 59). Hier kann durch Anbringen von Leisten (Abb. 60), die man 10 cm unter einem vorstehenden Dach anbringt, teilweise Abhilfe geschaffen werden. Als weitere Stütze für die Nester kann nach MANSFELD (1954) ein 8 cm breites Brett benutzt werden, das man an Stellen, wo das Dach mit der Wand ungefähr einen rechten Winkel bildet, 10 cm unterhalb an die Wand nagelt. Ein Streifen Maschendraht, vorher zwischen Leiste und Wand geheftet, bietet besseren Halt.

Weitaus vorteilhafter ist das Anbringen von künstlichen Mehlschwalbennestern, die nach LÖHRL (1954) keine neue Erfindung sind, aber immer nur eine geringe Verbreitung fanden. Früher wurde nach HAENEL (1940) auch der Mehlschwalben-brutkasten, bei dem die Schwalben nur noch die Vorderwand zu bauen brauchen, verwendet (Abb. 61, 62). Holznistkästen verwendete nach HEINROTH (1924) schon BERLEPSCH auf seinem Gutshof, die aber nicht in allen Fällen angenommen wurden.

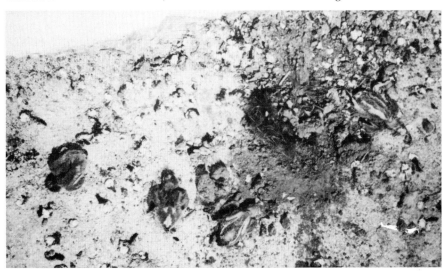

Abb. 59 (oben): Abgebrochenes Naturnest mit toten Jungen. Foto: H. LÖHRL.

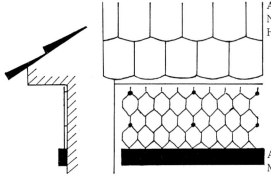

Abb. 60 (links): Brutleiste mit Maschendraht für Mehlschwalben.

Acht von mir in der Kolonie Groß Särchen aufgehängte Nistkästen waren im zweiten Jahr alle besetzt. Diese Kästchen werden wenigstens äußerlich teilweise mit Lehmklümpchen versehen, die die Schwalben meist am Flugloch anbringen.

Während früher nach LÖHRL (1954) die Kunstnester aus Gips gefertigt wurden, verwendet man heute eine Sägemehl-Zement-Mischung. MEIER (1980a) verwendete für die Herstellung der Nestschalen ein Gemisch von 2/5 Gips, 1/5 Kleber für Gipskartonplatten und 2/5 Sägemehl. Pro Nest benötigt man etwa 500 ml. Um dem Nest die natürliche Färbung zu geben, fügt man dieser Mischung einen Eßlöffel braunes Trockenfarbpulver zu. Die trockene Mischung wird in die halbe Volumenmenge Wasser eingestreut und zu einem cremigen Brei vermengt und danach mit einer Spachtel auf die Form, die vorher mit Öl als Trennmittel gut eingerieben wurde, gebracht. Da die Mischung etwa 15 Minuten weich bleibt, kann eine Person bis zu drei Nestschalen gleichzeitig herstellen. Nach 20–30 min lösen sich die Nestschalen nach leichtem Klopfen mit einem Gummihammer von den For-

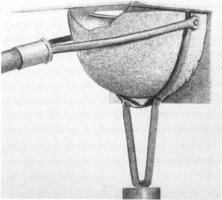

Abb. 61: Oben: Schwalbenbrutkasten, bei dem die Schwalben nur noch die Vorderwand zu bauen brauchen. Foto: K. HAENEL (aus HAENEL 1940). Unten: Vorrichtung zum Auf- und Abmontieren künstlicher Schwalbennester. Foto: BICHELER (aus GALL 1968).

men. Sie werden innen und am Flugloch mit einer Drahtbürste aufgerauht, damit sich die Schwalben gut festkrallen können. Die Form muß sofort gründlich gereinigt werden, damit die Voraussetzung für ein leichtes Ablösen wieder gegeben ist. Die Nestschalen trocknen nach 1 bis 2 Tagen im geheizten Raum aus. Diese Nester sehen den natürlichen Nestern der Mehlschwalbe täuschend ähnlich.

Die Kunstnester der Fa. Schwegler, Haubersbronn (Baden–Württemberg) werden nach RHEINWALD (1974) aus Holzbeton hergestellt. Der Napf besteht also aus einer Mischung von Zement, Sand, Sägemehl und Wasserglas und ist auf zwei rechtwinklig gefügte Hartfaserplatten genagelt (Abb. 63). Dieses Nest kann in vier Haken eingeschoben werden, die sich an der Unterseite eines Preßspanbrettes befinden, zu dem ein zweites im rechten Winkel gefügt ist. Dieses winklige Brett wird an einen günstigen Platz genagelt.

Kunstnester haben nach HUND (1978), LÖHRL (1973) und RHEINWALD (1973/1974) gegenüber den Naturnestern, von denen jedes Jahr zur Brutzeit ein Teil brüchig wird und herunterfällt, einige bedeutende Vorteile:

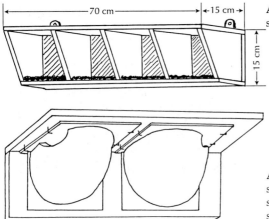

Abb. 62: Brutkasten für Mehl-schwalben.

Abb. 63: Kunstnester für Mehl-schwalben, diese Ausführung ge-stattet ein Herabnehmen der Ne-ster. Nach RHEINWALD (1974).

- Sie können, wie ich schon erwähnte, an den Häusern an solchen Stellen ange-bracht werden, wo die Verschmutzung durch Kot nicht lästig wird.
- Kunstnester sind Jahrzehnte haltbar.
- Nach der Brut sind sie von lästigem Ungeziefer leicht zu reinigen.
- Kunstnester sind abnehmbar, sie können also leicht auf ihren Inhalt hin über-prüft werden und eignen sich deshalb besonders gut für wissenschaftliche Un-tersuchungen
- Sie können nicht vom Haussperling erweitert und bezogen werden. Es stehen also für die Mehlschwalbe bei der Rückkehr aus dem Winterquartier immer eine große Anzahl von bezugsfertigen Nestern bereit, so daß mit der Brut gleich be-gonnen werden kann.
- Der Waldkauz und die Schleiereule können die Kunstnester nicht herunterrei-ßen, wenn sie von den Jungen, die die ganze Nacht hindurch Lärm machen, an-gelockt worden sind und sich ans Nest klammern.
- Fallen die Naturnester im Winter ab, so werden die hängenbleibenden Kunst-nester wieder Ausgangspunkt für den Neubau im Frühjahr.

Nach LÖHRL (1973) müssen die Mehlschwalben das Beziehen der Kunstnester lernen. An manchen Orten hat es jahrelang gedauert, bis sie die Nester als brauch-bar entdeckten und annahmen. Danach erfolgt die Besiedlung der übrigen Nester in verhältnismäßig kurzer Zeit. Vorteilhaft ist es, wenn schon vorher an einer Stelle des Gebäudes Mehlschwalben gebrütet haben. Wie erfolgreich die Mehlschwalbe in Kunstnestern sein kann, beweist die Abbildung 64.

Bei der Verwendung von Kunstnestern ist nun die Frage aufgetaucht, ob diese nicht regelmäßig gereinigt werden müssen, da sie nicht wie die Naturnester immer wieder abbrechen und erneuert werden. Diese Frage ist nach LÖHRL (1954) bei der Abneigung der Landbevölkerung gegenüber solchen Arbeiten entscheidend für die Weiterverbreitung der Kunstnester. LÖHRL kontrollierte nach 15 Jahren acht Kunstnester, die nach Aussagen der Hausbewohner »alljährlich besetzt« waren.

Abb. 64: Kolonie mit künstlichen Schwalbennestern mit angebautem Naturnest. Foto: H. LÖHRL.

Sechs Nester waren besetzt, obwohl sich teilweise in diesen Mumien von Jungschwalben befanden. Ein unbesetztes Nest war weiterhin bewohnbar. In dem achten Nest befanden sich acht Skelette von Schwalben, die eine Brut unmöglich machten. Der Parasitenbefall war bei allen Nestern nicht stärker als normal. Trotzdem sollte versucht werden, nach Möglichkeit die Kunstnester in gewissen Zeitabschnitten zu reinigen. Zur Bekämpfung der Parasiten, die natürlich nicht während der Brutzeit durchgeführt werden darf, eignet sich nach LÖHRL (1973) am besten das Aussprühen mit einem kurzlebigen Insektengift.

Zwecks Kontrolle kann man die Kunstnester der Schweizer Vogelwarte (Sempach), die an der Außenwand eine eingegossene Kerbe haben, mit einer Stange aufhängen und herunternehmen. GALL (1968) gelang es, eine Vorrichtung zu konstruieren, die aus zwei Gabeln besteht (vgl. Abb. 60). Die Enden der Schenkel vereinigen sich in einem einzigen Drehpunkt. An der Gabel, die sich ohne Mühe in die gegossene Furche der Nestaußenwand einschieben läßt, ist ein Gegengewicht befestigt. Dadurch wird erreicht, daß das Nest beim Abnehmen in seiner normalen horizontalen Lage verbleibt. Nur die zweite Gabel ist an der Stange befestigt. Trotz dieser sicheren Handhabbarkeit sollte man keinesfalls während der Brutzeit dieses Gerät benutzen. Hochflügge Junge können herausspringen, wenn sie plötzlich unter freiem Himmel bewegt werden. Eine Beschränkung auf die Zeit der Reinigungsarbeiten im Winterhalbjahr erscheint angeraten.

11   Aufzucht und Haltung

Nach HEINROTH (1924) lassen sich Mehlschwalben schwerer aufziehen als Rauch-
und Uferschwalben. Sie entwickeln sich langsam, obwohl sie sofort sperren und
große Mengen frischer Ameisenpuppen fressen. Später macht sich die große Unver-
träglichkeit der ausgeflogenen Jungen sehr unliebsam bemerkbar, denn sie beißen
sich wie rasend mit anderen Schwalben und sind sich auch untereinander durchaus
nicht freundschaftlich gesinnt. Die Mehlschwalben benehmen sich im Zimmer
weniger fluggewandt und lernen die trennende Eigenschaft der Fensterscheibe
ziemlich schwer.

In der Zeitschrift Larus (1975) wird über die erfolgreiche Aufzucht einer vorzeitig
aus dem Nest gefallenen Mehlschwalbe berichtet. Die Schwalbe wurde in eine
große Schachtel gesetzt und jede halbe Stunde mit gehacktem Fleisch, mit Fliegen
und später auch mit kleinen Stückchen Brot gefüttert. Dabei erhielt sie mit einem
Löffel auch etwas Wasser zu trinken. Später trank sie selbst aus einer Schale und
lernte die Nahrung vom Boden aufzunehmen. Ähnliche ausführliche Ratschläge
über die Aufzucht junger Mehlschwalben erteilen auch BRUDERER (1975b), ILGEN
(1986), TÜLZBRICH (brfl.) sowie BOUR–GIBBELS & MARÉCHAL (1986).

In Luxemburg gelang es ENSCH zwei junge Mehlschwalben vom Herbst bis zum
Frühjahr zu verpflegen (ANONYMUS 1980). SANDMANN (1979) gelang es, eine nestjung erhaltene Mehlschwalbe über zehn Monate in der Wohnung zu halten.

12   Literaturverzeichnis

AELLEN, E. (1935): Herbstbruten der Mehlschwalben. — Vögel Heimat 5: 54–55.

ALI, S. & S. D. RIPLEY (1972): Handbook of the Birds of India and Pakistan. — Oxford University Press, Bombay, London, New York, Bd. 5.

ANONYMUS (1936): Vom Vogelzug im Winter 1935/1936. — Vogelzug 7: 82–85.

ANONYMUS (1961): Ornithologische Beobachtungen aus dem Jahre 1960. — Regulus 41: 47–60.

ANONYMUS (1963): Ornithologische Beobachtungen aus dem Jahre 1962. — Regulus 43: 367–378.

ANONYMUS (1964): Ornithologische Beobachtungen aus dem Jahre 1963. — Regulus 44: 54–68.

ANONYMUS (1972/74): Eine erfolgreich aufgezogene Mehlschwalbe, Delichon urbica. — Larus 26/28: 195.

ANONYMUS (1974): Merkblatt des Deutschen Bundes für Vogelschutz e. V. zum Schutz von Rauch-, Mehl- und Uferschwalbe. — Orn. Mitt. 26: 80.

ANONYMUS (1976): Tätigkeitsbericht 1974–75 der »Jeunes Ornithologistes«. — Regulus 12: 94–101.

ANONYMUS (1980): Mehlschwalben überwintern. — Regulus 16: 46.

ANONYMUS (1981): Bemerkenswerte avifaunistische Beobachtungen aus Mecklenburg – Jahresbericht für 1979. — Orn. Rundbr. Mecklenb. NF. 24: 63–87.

ANTÓN, C. & T. SANTOS (1985): Orientación y emplazamiento de los nidos del avion común, Delichon urbica (L.), en la ciudad de Madrid. — Ardeola 32: 383–391.

ARDLEY, M. J. (1949): Notes on house martins feeding at night. — Brit. Birds 42: 88.

ARLEBO, S. (1975): Större hackspett tar ungar hussvalebo. — Anser 14: 202.

ARMSTRONG. E. A. (1955): The Wren. — London.

AUER, W. (1957): Der Vogeltod auf unseren Landstraßen. — Orn. Mitt. 9: 101–103.

AUSOBSKY, A. (1959): Torpidität bei der Mehlschwalbe (Delichon urbica). — Egretta 2: 53–54.

AUSOBSKY, A. (1961): Mehlschwalbe (Delichon urbica) Brutvogel in 2450 m Seehöhe. — Egretta 4: 51–52.

AUSOBSKY, A. & K. MAZZUCCO (1964): Die Brutvögel des Landes Salzburg und ihre Vertikalverbreitung. — Egretta 7: 1–49.

BAER, W. (1898): Zur Ornis der preussischen Oberlausitz. — Abh. naturf. Ges. Görlitz 22: 225–336.

BÄSECKE, K. (1937): Übernachten Mehlschwalben gemeinschaftlich im Rohr? — Orn. Mber. 45: 21.

BAIER, E. (1974): Über das Flughassen von Rauchschwalben und Mehlschwalben. — Gef. Welt 98: 204–206.

BAIER, E. (1977): Beobachtungen zum Verhalten der Mehlschwalben (Delichon urbica) und Mauersegler (Apus apus) in der Brutzeit 1975. — Orn. Mitt. 29: 44–45.

BALÁT, F. (1973): Die zwischenartlichen Brutbeziehungen zwischen dem Haussperling, Passer domesticus (L.) und der Mehlschwalbe, Delichon urbica (L.). — Zool. Listy 22: 213–222.

BALÁT, F. (1974): Gelegegröße, Höhe der Brutverluste und Bruterfolg bei der Mehlschwalbe, Delichon urbica (L.). — Zool. Listy 23: 343–356.

BALÁT, F. (1976): Zur Altersstruktur der Populationen des Haussperlings, Passer domesticus (L.) und der Mehlschwalbe, Delichon urbica (L.). — Zool. Listy 25: 137–145.

BANNASCH, F. (1966): Schwimmende Mehlschwalbe. — Beitr. Vogelkde. 12: 128.

BANNERMAN, D. A. (1954): The Birds of the British Isles. Bd. 3. — Edinburgh u. London.

BANZHAF, W. (1930): Eine zweite deutsche Felsensiedlung von Delichon urbica (L.). — Beitr. Fortpfl. Vögel 6: 81–83.

BARTHOS, V. (1909): An Felswänden nistende Mehlschwalben. — Aquila 16: 284–285.

BAUER, U. (1958): Flugbad der Mehlschwalbe (Delichon urbica). — Orn. Mitt. 10: 93.

BAUM, J. (1937): Ornithologicka pozorováni v Tatrách. — Sylvia 2: 29–33.

BAUMGART, W. (1971): Beitrag zur Kenntnis der Greifvögel Bulgariens. — Beitr. Vogelkde. 17: 33–70.

BAUMGART, W. (1973): Düsenflugzeug erschreckt Mehlschwalben. — Falke 20: 244.

BECKER, P. (1961): Ein Schwalbenbastard Hirundo rustica (L.) gekreuzt mit Delichon urbica (L.) bei Hildesheim. — Natur, Kultur, Jagd 14: 20–21.

BECKMANN, K. (1930): Merkwürdiges Wohngebiet der Steindrossel (Monticola saxatilis). — Beitr. Fortpfl. Vögel 6: 31.

BEENEN, H. (1970): Bestandsaufnahme der Rauch- und der Mehlschwalbe in Solingen-Ohligs in den Jahren 1966–1968. — Charadrius 6: 90–91.

BEITZ, W. (1973): Die Erst- und Letztbeobachtungen einiger Vogelarten im Raum Neubrandenburg. — Orn. Rundbr. Mecklenb. NF. 14: 45–56.

BEKLOVÁ, M. (1975): Ankunft und Abzug der tschechoslowakischen Population Hirundo rustica L.

1758, *Delichon urbica* L. 1758 und *Apus* apus L. 1758. — Zool. Listy 24: 21–42.

BEKLOVÁ, M. (1976): Contribution to the characteristics of population dynamics of certain hemisynanthropic species of birds in Czechoslovakia. — Zool. Listy 25: 147–155.

BENNET, G. R. (1962): Note on unusual death of house martin. — Brit. Birds 55: 135.

BENT, A. C. (1942): Life histories of North American flycatchers, larks, swallows and their allies. — Bull. U. S. national Mus. 179: 1–155.

BENTHAM, H. (1930): Note on moorhens killing house martin. — Brit. Birds 24: 168.

BERCK, K.-H. (1965): Spielende Rauchschwalben (*Hirundo rustica*). — Vögelwelt 86: 153–154.

BERETZK, P. (1967): Selfdefence of house martins against the cold weather. — Aquila 73/74: 197–198.

BERGER, G. (1975): Spätfund einer jungen Mehlschwalbe (*Delichon urbica* L.). — Beitr.Vogelkde. 21: 152–153.

BERGMANN, H.-H. (1973): Die Imitationsleistung eines Mischsängers – Dorngrasmücke (*Sylvia communis*). — J. Orn. 114: 317–338.

BERGMANN, H.-H. (1974): Zur Phänologie und Ökologie des Straßentods der Vögel. — Vogelwelt 95: 1–21.

BERGMANN, H.-H. & H.-W. HELB (1982): Stimmen der Vögel Europas. — München Wien Zürich.

Bergman, G. (1978): Auswerfen von Zweitbruteiern und Beeinträchtigung des Brutresultats bei der Mehlschwalbe (*Delichon urbica*) im regnerischen Sommer 1977. — Mem. Soc. Fauna Flora Fenn. 54: 29–30.

BERLEPSCH, H. V. (1923): Der gesamte Vogelschutz. — Neudamm.

BERNDT, R. (1931): Ein dritter Schwalbenbastard (*Delichon* u. *urbica* (L.) × *Hirundo r. rustica* (L.) in Cremlingen. — Orn. Mber. 39: 48–49.

BERNDT, R. (1982): Flug-Füttern zwischen Altvögeln und Diebstahl von Nestwandmaterial bei Mehlschwalben (*Delichon urbica*). — Vogelwelt 103: 189–190.

BERNDT, R. & W. MEISE (1960): Naturgeschichte der Vögel. Bd. 2. — Stuttgart.

BERNDT, R. & W. WINKEL (1977): Glossar für Ornitho-Ökologie. — Vogelwelt 98: 161–192.

BERNDT, R. K. & G. BUSCHE (1983): Ornithologischer Jahresbericht für Schleswig-Holstein 1981. — Corax 11: 278.

BERTHOLD, P. (1971): Physiologie des Vogelzugs. In: E. SCHÜZ: Grundriß der Vogelzugskunde. — Berlin u. Hamburg.

BERTHOLD, P. (1974): Fortschreitende Rückgangserscheinungen bei Vögeln: Vorboten des »Stummen Frühlings«. — DBV Jahresh. 1973/74: 41–49.

BERTHOLD, P., H. MÜHL & S. SCHUSTER (1979):

Naturschutzgebiet Halbinsel Mettnau, Geschichte–Natur–Landschaft. — Radolfzell.

BICHELER, R. (1974): Waldkauz wirft Mehlschwalbennest herunter. — Regulus 54: 149.

BIER, H., G. HEISE & W. OTTO (1975): Ornithologische Beobachtungen im Nordkaukasus aus dem Sommer 1970. — Falke 22: 150–157, 190–193.

BISHOP, D. W. (1947): Note on display of house martin. — Brit. Birds 40: 54.

BLATTI, G. (1947): An Felsen brütende Mehlschwalben, *Delichon urbica* (L.) und Felsenschwalben, *Riparia rupestris* (SCOP.) im Berner Oberland. — Orn. Beob. Bern 44: 36.

BLOCH & SØRENSEN (1984): Yvirlit yvir Føroya fuglar. Checklist of the Faroese birds. Føroya Skúlabókagrumnur. — Tórshavn.

BOCK, A. (1960): Spätbruten der Mehlschwalben (*Delichon urbica*). — Orn. Mitt. 12: 220.

BOCK, W. F. (1978): Jagdgebiet und Ernährung der Rohrweihe (*Circus aeruginosus*) in Schleswig-Holstein. — J. Orn. 119: 298–307.

BODENSTEIN, G. (1956): Über den Flug von Kleinvögeln. — Orn. Mitt. 8: 208–209.

BODENSTEIN, G. (1961): Feldsperlinge als Gebäudebrüter. — Orn. Mitt. 13: 176.

BÖHRINGER, R. (1958): Neue Ergebnisse über die Beziehungen der Mehlschwalben zu ihren Jungen. Ref. z. 70. Jahresvers. — J. Orn. 99: 227–228.

BÖHRINGER, R. (1960): Die Nahorientierung der Mehlschwalbe (*Delichon urbica*). — Z. vergl. Physiol. 42: 566–594.

BOHMANN, L. (1937): Schwalbenzug-Katastrophe im Oktober 1936. — Vogelzug 8: 25–26.

BORCHERT, W. (1927): Die Vogelwelt des Harzes, seines nordöstlichen Vorlandes und der Altmark. Magdeburg.

BORGSTRÖM, E. (1983): Sena häckningar av Hussvala *Delichon urbica* i mellersta Värmland. — Värmlandsornitologen 11: 78.

BORK, H. (1984): Rotrückenwürger als Mehlschwalbenspezialist. — Falke 31: 320.

BOS, J. (1986): Windrichtingvoorkeur van de Huiszwaluw bij de nestplaatskeuze. — Het Vogeljaar 34: 206–208.

BOUR-GIBBELS, Chr. & P. MARÉCHAL (1986): De verzorging van Huiszwaluwen. — Het Vogeljaar 34: 220–225.

BOULDIN, L. E. (1968): The population of the house martin *Delichon urbica* in East Lancashire. — Bird Study 15: 135–146.

BOYD, A. W. (1936): Report on the swallow enquiry, 1935. — Brit. Birds 30: 98–116.

BRÄUTIGAM, H. (1978): Vogelverluste auf einer Fernverkehrsstraße von 1974 bis 1977 in den Kreisen Altenburg und Geithain. — Orn. Mitt. 30: 147–149.

BRAUN, R. (1961): Schwalben »jagen« Ulmenfrüchte. — Mitt.bl. orn. Arb.gem. Oberrhein 7: 58.

BREHM, A. (1869): Protokoll der XV. Monats-Sitzung (7.6.1869). — J. Orn. 17: 285–287.

BREHM, A. (1913): Brehms Tierleben. Die Vögel. Bd. 4 (Hrsg. O. ZUR STRASSEN). — Leipzig u. Wien.

BRIESEMEISTER, E. (1973): Die Mehlschwalbe Delichon urbica (L.) als Brutvogel in Magdeburg. — Apus 3: 28–31.

BRIESEMEISTER, E. (1988): Bestandserfassung der Mehlschwalbe in Magdeburg im Jahre 1986. — Apus 7: 20–24.

BRINK, J. N. v. d. (1952): Een grote kolonie van de huiswaluw Delichon urbica in Frankrijk. — Limosa 25: 179.

BROAD, R. A. (1977): Probable swallow × house martin hybrid. — Scot. Birds 9: 301–302.

BROMBACH, H. (1977): Rauchschwalben-Untersuchungen über Ortstreue, Brutgewohnheiten, Altersverteilung. — Köln.

BROMBACH, H. (1984): Abberrationen bei Rauch- und Mehlschwalben (Hirundo rustica, Delichon urbica) – Die dunklen Flecken an den Unterschwanzdecken. — Vogelwelt 105: 105–109.

BRUDERER, B. (1975a): Zur Schwalbenkatastrophe im Herbst 1974. — Vögel Heimat 45: 69–75.

BRUDERER, B. (1975b): Schwalben-Merkblatt. — Tierwelt 85: 1–8.

BRUDERER, B. (1979): Zum Jahreszyklus schweizerischer Schwalben Hirundo rustica und Delichon rubica, unter besonderer Berücksichtigung des Katastrophenjahres 1974. — Orn. Beob. Bern 76: 293–304.

BRUDERER, B. & J. MUFF (1979): Bestandsschwankungen schweizerischer Rauch- und Mehlschwalben, insbesondere im Zusammenhang mit der Schwalbenkatastrophe im Herbst 1974. — Orn. Beob. Bern 76: 229–234.

BRUDERER, B., B. JAQUAT & U. BRÜCKNER (1972): Zur Bestimmung von Flügelschlagfrequenzen tag- und nachtziehender Vogelarten mit Radar. — Orn. Beob. Bern 69: 189–206.

BRÜLLHARDT, H. (1969): Vogelsterben während der Kälteperiode vom 3. bis 8. Juni 1969. — Orn. Beob. Bern 66: 149–150.

BRUNS, H. (1959): Ornithologisches von der Riviera. — Orn. Mitt. 11: 13.

BRUNS, H. (1961): Erstankunft und Sangesbeginn der Vögel in Hamburg 1948–1957. — Orn. Mitt. 13: 61–76.

BRUSTER, K. H. (1973): Schlafplatzbeobachtungen von einigen Vogelarten. — Vogel u. Heimat 22. S. 196–198.

BRUUN, B., A. SINGER & C. KÖNIG (1971): Der Kosmos-Vogelführer. — Stuttgart.

BRYANT, D. M. (1973): The factors influencing the selection of food by the house martin (Delichon urbica). — J. Animal Ecol. 42: 539–564.

BRYANT, D. M. (1975a): Breeding biology of house martin Delichon urbica in relation to aerial insect abundance. — Ibis 117: 180–216.

BRYANT, D. M. (1975b): Changes in incubation patch and weight in the nesting house martin. — Ringing Migr. 1: 33–36.

BRYANT, D. M. (1978a): Establishment of weight hierarchies in the broods of house martin Delichon urbica. — Ibis 120: 16–26.

BRYANT, D. M. (1978b) Environmental influence on growth and survival of nestling house martins Delichon urbica. — Ibis 120: 271–283.

BRYANT, D. M. (1979): Reproductive costs in the house martin (Delichon urbica). — J. Animal Ecol. 48: 655–675.

BRYANT, D. M. (1984): Zusatz zu M. FLETCHER: Apparent nest repairs by nestling house martin. — Brit. Birds 77: 423.

BRYANT, D. M. & A. K. TURNER (1982): Central place feraging by swallows (Hirundinidae): the question of load size. — Anim. Behav. 30: 845–856.

BUB, H. (1956): Sommer-Beobachtungen in der nördlichen Ukraine. — Vogelwelt 77: 37–43.

BUB, H. (1964): Ornithologische Beobachtungen in der Ost-Ukraine. — Beitr. Vogelkde. 9: 271–301.

BUB, H. & P. HERROELEN (1980): Kennzeichen und Mauser europäischer Singvögel. 1. Teil: Lerchen und Schwalben. — N. Brehm-Büch. 540.

BÜTTIKER, W. & A. AESCHLIMANN (1974): Die Ektoparasiten der schweizerischen Vögel. — Orn. Beob. Bern 71: 297–302.

BUSCHENDORF, J. (1975): Teilalbinotische Mehlschwalben. — Falke 22: 392.

CALLSEN, H. C. (1962): Zu: »Roßhaare als Todesursache bei Vögeln an ihren Nestern«. — Orn. Mitt. 14: 154.

CARNIER, B. (1961): Spätbruten im Jahre 1960. — Orn. Mitt. 13: 194.

CARNIER, T. (1962): Bemerkenswerte Spätbruten. — Orn. Mitt. 14: 180.

CASSELTON, P. J. (1973): House Martins in Merton Park, London. — Bird Study 20: 309–310.

CLAEYS, G. (1983): Huiszwaluwen bouwen nesten van Zeewier. — Ornis Flandriae 2: 112–113.

CLANCEY, P. A. (1950): Comments on the indigenous races of Delichon urbica (L.) occuring in Europe and North Africa. — Bonner zool. Beitr. 1: 39–42.

CLOBES, D. (1935): Zugkatastrophe 1932. — Vogelring 8: 23.

CORTI, U. A. (1955): Die Vogelwelt der Alpen. In: A. PORTMANN & W. SUTTER, Acta XI Congr. internat. Ornithol. — Basel u. Stuttgart.

CORTI, U. A. (1959a): Die Brutvögel der deutschen und österreichischen Alpenzone. — Chur.

CORTI, A. (1959b): Ornithologische Notizen aus den österreichischen Alpenländern. — Egretta 2: 21–25.

CRAMP, St. (1988): Handbook of the Birds of Europe the Middle East and North Africa. Vol. V Tyrant Flycatchers to Thrushes. — Oxford, New York.

CREUTZ, G. (1935): Die Felsenbrüter des Elbsandsteingebirges. — Beitr. Fortpfl. Vögel 11: 197–209.

CREUTZ, G. (1937): Ratschläge zur Schwalbenberingung und Ergebnisse. — Vogelring 9: 1–16.

CREUTZ, G. (1938): Ratschläge zur Schwalbenberingung und Ergebnisse. — Vogelring 10: 2–15.

CREUTZ, G. (1947): Vogelschutz – Ein Gebot der modernen Landwirtschaft. — Berlin.

CREUTZ, G. (1949): Die Entwicklung zweier Populationen des Trauerschnäppers, *Musicapa h. hypoleuca* (PALL.) nach Herkunft und Alter. — Beitr. Vogelkde. 1: 27–53.

CREUTZ, G. (1952): Der Einfluß der Witterung auf den Brutverlauf 1949. — Beitr. Vogelkde. 2: 1–14.

CREUTZ, G. (1961): Die Mehlschwalbe als Felsenbrüterin. — Falke 8: 304–313.

CREUTZ, G. (1974): Zur Ernährungsweise des Baumfalken. — Falke 21: 200–201.

CURRY-LINDAHL, K. (1963): Roots of swallows (*Hirundo rustica*) and house martins (*Delichon urbica*) during the migration in tropical Africa. — Ostrich 34: 99–101.

CVITANIĆ, A. & P. NOVAK (1966): Beitrag zur Kenntnis der Vogelnahrung in Mittel-Dalmatien. — Larus 20: 80–100.

CZERLINSKY, H. (1966): Die Vogelwelt im nördlichen Vogtland. — Veröff. Heimatmus. Mylau, H. 3: 28–29.

DANIEL, O. (1966): Erfahrungen mit künstlichen Nestern für Mehlschwalben. — Vogelring 32: 23–24.

DATHE, H. (1975): Raubwürger, *Lanius* excubitor, erbeutet Mehlschwalbe, *Delichon urbica*. — Beitr. Vogelkde. 21: 384.

DATHE, H. (1987): Ungewöhnlicher Neststandort von Mehlschwalbennestern. — Beitr. Vogelkde. 33: 335.

DEGEN, G., K. BANZ & H.-J. STOCK (1977): Zur Nistplatzwahl des Haussperlings, *Passer domesticus* L. in Bulgarien. — Beitr. Vogelkde. 23: 364–365.

DEPPE, H.-J. (1965): Vogelzug im Gebiet des Müritzsees in Mecklenburg. — Vogelwarte 23: 128–140.

DIEGEL, K. (1934): Mehlschwalbennester an Fuldabrücke. — Vogelring 6: 26.

DIEDERICH, J. (1977): Vogelverluste an Glasflächen des Athenäums in Luxemburg. — Regulus 13: 137–139.

DIERSCHKE, V. & J. RÖW (1988): Fang von Mehlschwalben (*Delichon urbica*) mit Hilfe von Klangattrappen auf Helgoland. — Vogelwarte 34: 233–234.

DIETRICH, F. (1928): Hamburgs Vogelwelt. — Hamburg.

DJONIĆ, S. 1937): Über die Möglichkeit der Verbreitung der Bettwanze *Cimex (Acanthia) loctularia* L. durch die Schwalbe (*Hirundo urbica*). — Zool. Anz. 69: 46–48.

DONNELLY, B. C. (1974): Vertical zonation of feeding swallows and swifts at Kariba, Rhodesien. — Ostrich 45: 256–258.

DORNBUSCH, M. & H. G. MÜLLER (1965): Ornithologische Eindrücke aus dem Westkaukasus. — Falke 12: 272–277.

DORSCH, H. (1977): Inf.bl. Beringer 6.

DORSCH, H. & I. DORSCH (1985): Dynamik und Ökologie der Sommervogelgemeinschaft einer Verlandungszone bei Leipzig. — Beitr. Vogelkde. 31: 237–358.

DOST, H. (1959): Die Vögel der Insel Rügen. — Wittenberg-Lutherstadt.

DROST, R. (1937): Schwalbenkatastrophe Herbst 1936. — Vogelzug 7: 26.

DROST, R. & H. DESSELBERGER (1932): Zwischenzug bei Schwalben. — Vogelzug 3: 22–24.

DUBIOS, P. (1976): Hirondelle de fenêtre *Delichon urbica* nichant sur bateau. — Alauda 44: 335.

DUPONT, R. (1983): Oben offenes Mehlschwalbennest. — Regulus 63: 215.

DWENGER, R. (1976): Über eine Schwalbenrettungsaktion im Oktober 1974. — Veröff. Mus. Gera, Naturwiss. R., H. 4: 109–112.

EFTELAND: V. (1966): Sein hekking av taksvale. — Sterna 7: 151.

EGGERS, J. (1974): Brüten Mehlschwalben in der Stadt später als auf dem Lande? — Vogel u. Heimat 23: 290–291.

EICHLER, W. (1953): Mallophagen in Vogelnestern. — Vogelwarte 16: 170–173.

EKELÖF, O. (1970): Fang eines Rauch-Mehlschwalbenbastards. — Corax 3: 152–153.

ELSNER, C. (1951): Ein geschlechtsreifer Bastard *Hirundo rustica × Delichon urbica*. — J. Orn. 93: 65.

EMDE, F., K. MÖBIUS, G. SCHOLZ, W. WILHELMI & M. WILKE (1977): Avifaunistischer Sammelbericht für den Kreis Waldeck-Frankenberg und den Raum Fritzlar-Homberg über den Zeitraum von August 1975 bis Juli 1976. — Vogelkde. Hefte Waldeck-Frankenberg/Fritzlar-Homberg 3: 93–136.

ENGELMANN, H.-D. (1969): Neunachweise der Schwalbenwanze *Oeciacus hirundinis* (JENYNS, 1839) (Heteoptera) in der Oberlausitz. — Abh. Ber. Naturkundemus. Görlitz 44, XIII: 27–28.

ENSULEIT, K. L. (1974): Bestandskontrollen bei Rauch- und Mehlschwalben Sommer 1974. — Cinclus 2: 26–27.

ENSULEIT, K. L. (1976): Rauch- und Mehlschwalben-Bestandskontrollen Sommer 1976. — Cinclus 4: 19–21.

ERARD, CH. (1965): Le baguage des oiseaux en 1965. — Bull. du C.R.M.M.O. 19: 3–62.

ERNST, S. & M. THOSS (1975): Die Erfassung eines Mehlschwalbenbestandes im Vogtland. — Falke 22: 305–311.

FALLY, J. (1984): Beiträge zum Übernachten der Mehlschwalbe *Delichon urbica*. — Ökol. Vögel 6: 169–174.

FALLY, J. (1987): Zur Bedeutung der Windverhältnisse für den Neststandort der Mehlschwalbe. — Vogelwarte 34: 134–136.

FEHSE, C. (1975): Rupfungsfunde im oberen Erzgebirge. — Beitr. Vogelkde. 21: 115–119.

FERIANC, O. (1941): Avifauna Slovenska. — Bratislava.

FERIANC, O. & V. BRTEK (1974): Hybrid of the barn swallow (*Hirundo rustica*) and the house martin (*Delichon urbica*). — Biologia (Bratislava) 29: 863–868.

FISCHER, K. (1953): Ankunft und Sangesbeginn einiger Vogelarten bei Undingen (SW-Deutschland). — Orn. Mitt. 5: 71–72.

FISCHER, K. (1963): Erstankunft und Sangesbeginn der Vögel im Kreisgebiet Reutlingen (Württbg.) 1925–1961. — Orn. Mitt. 15: 75–78.

FISCHER W. (1959): Kleiner Beitrag zum Thema: Landvögel auf Schiffen. — Orn. Mitt. 11: 181–183.

FISCHER W. & M. FISCHER (1976): Ornithologische Beobachtungsergebnisse aus zwei Reisen in den Kaukasus und nach Transkaukasien. — Beitr. Vogelkde. 22: 137–167.

FIUCZYNSKI, D. (1979): Populationsstudien an Berliner Baumfalken (*Falco subbuteo*) 1956 bis 1977. — Orn. Mitt. 16: 20–22.

FLETCHER, M. (1984): Note on apparent nest repairs by nesting house martin. — Brit. Birds 77: 423.

FLOERICKE, C. E. (1892): Versuch einer Avifauna von Preussisch-Schlesien. 1. Teil. — Marburg.

FLÖSSNER, D. (1972): Ornithologische Notizen aus dem Rila- und Piriu-Gebirge. — Falke 19: 402–407.

FORREST, H. E. (1934): Spotted eggs of house martin. — Brit. Birds 27: 355.

FOUARGE, J. (1977): Albinisme total chez l'hirondelle de fenêtre (*Delichon urbica*). — Aves 14: 89–90.

FRANKE, H. (1969): Auswirkung des Anbringens künstlicher Schwalbennester auf den Bestand der Mehlschwalbe (*Delichon urbica*) und Rauchschwalbe (*Hirundo rustica*). — Orn. Mitt. 21: 61–62.

FREYTAG, D. (1962): Katze schlägt fliegende Mehlschwalbe (*Delichon urbica*). — Orn. Mitt. 14: 117.

FRIELING, F. (1964): Besonderheiten am Windischleubaer Stausee 1962. — Beitr. Vogelkde. 10: 210–213.

FRYCKLUND, I. (1984): Boinventering av haussvala i Uppsala. — Fågl. Uppl. 11: 83–95.

FUCHS, E. (1968): Der Herbstzug auf den Hahnenmoospaß in den Jahren 1965 und 1966. — Orn. Beob. Bern 65: 85–109.

FURRER, R. (1963): Eindrücke von einer Studienfahrt nach Südspanien im Frühjahr 1961. — Orn. Beob. Bern 60: 11–25.

GALL, W. (1968): Leicht gemacht: Das Auf- und Abmontieren künstlicher Mehlschwalbennester. — Regulus 48: 196–198.

GALL, W. (1975): Bericht über eine regionale Schwalbenzählung aus der Brutsaison 1975. Dazu Vergleich mit 1954. — Regulus 55: 379–384.

GALL, W. (1977): Eine zweijährige regionale Schwalbenzählung. — Regulus 57: 147–149.

GALL, W. (1979): Mehlschwalbe »stibitzt« Nistmaterial. — Regulus 59: 113.

GATTER, W. (1976): Feldkennzeichen ziehender Passers. — Vogelwelt 92: 201–217.

GEBHARDT, L. & W. SUNKEL (1954): Die Vögel Hessens. — Frankfurt/M..

GEORLETTE (1934): Nidification da *Delichon urbica*. — Gerfaut 24: 33.

GERBER, R. (1953): Gefiederte Sänger. — Leipzig.

GERBER, R. (1961): Blatt-, Blut- und Schildläuse als Nahrungstiere von Vögeln. — Falke 8: 300–304.

GERBER, R. (1974): Zur Frage Vogelschutz und Bienenzucht. — Falke 21: 20–21.

GIGLIOLI, E. H. (1891): Primo recoconto dei risultati della inchiesta ornitologica in Italia. Bd. 3. — Firenze.

GLOE, P. (1987): Januar/Februar-Beobachtungen an Rauch- und Mehlschwalben (*Hirundo rustica*, *Delichon urbica*) 1987 in Süd-Spanien. — Vogelwelt 108: 178–182.

GLUTZ VON BLOTZHEIM, U. N. (1962): Die Brutvögel der Schweiz. — Aarau.

GLUTZ VON BLOTZHEIM, U. N. (1964): Höchstalter schweizerischer Ringvögel. — Orn. Beob. Bern 61: 106–127.

GLUTZ VON BLOTZHEIM, U. N. & K. M. BAUER (1985): Handbuch der Vögel Mitteleuropas Bd. 10/1. — Wiesbaden.

GNIELKA, R. (1974): Die Vögel des Kreises Eisleben. — Apus 3: 145–248.

GNIELKA, R. (1977): Avifaunistischer Jahresbericht 1974 für den Bezirk Halle. — Apus 4: 25–39.

GNIELKA, R. et al. (1983): Natur und Umwelt 1. Avifauna von Halle und Umgebung. — Halle.

GNIELKA, R. & T. SPRETKE (1982): Avifaunistischer Jahresbericht 1976 für den Bezirk Halle. — Apus 4: 241–253.

GÖRNER, M. (1978): Schleiereule, *Tyto alba*, als Vogeljäger. — Beitr. Vogelkde. 24: 273–275.

GRASHOF, R. (1936): Albinotische Zugvögel im afrikanischen Winterquartier. — Vogelzug 7: 144.

GRECH, J. (1985): Occurence of a hybrid swallow × house martin. — Il-Merill 22: 16.

GROEBBELS, F. (1951): Noch einmal »Albinismus und Auslese«. — Orn. Mitt. 3: 265–267.

GRÖSSLER, K. (1965a): Faunistische Notizen von der Schwarzmeerküste Bulgariens. — Larus 19: 212–235.

GRÖSSLER, K. (1965b): Ornithologische Beobachtungen in den Rhodopen (Südbulgarien). — Zool. Abh. Mus. Tierk. Dresden 28: 103–111.

GROTE, H. (1920): Ornithologische Beobachtungen aus dem südlichen Uralgebiet. — J. Orn. 68: 33–70.

GROTE, H. (1927): Zum Freibrüten der Mehlschwalbe. — Orn. Mber. 35: 49.

GROTE, H. (1930): Baumnester von *Delichon urbica.* — Beitr. Fortpfl. Vögel 6: 168–169.

GROTE, H. (1932): Brutvögel der kirgisischen Wintersiedlungen. — Beitr. Fortpfl. Vögel 8: 165–171.

GROTE, H. (1936a): Übernachten Mehlschwalben gemeinschaftlich im Rohr? — Orn. Mber. 44: 184.

GROTE, H. (1936b): Albinotische Zugvögel im afrikanischen Winterquartier. — Vogelzug 7: 144.

GRUNER, D. (1977): Zur geographischen Variation der Flügellänge bei der Mehlschwalbe (*Delichon urbica*). Bonner zool. Beitr. 28: 77–81.

GUNTEN, K. v. (1957): Sollen unsere Mehlschwalben aussterben? — Schweiz. Naturschutz 1: 1–4.

GUNTEN, K. v. (1961a): Zur Ernährungsbiologie der Mehlschwalbe, *Delichon urbica*: Die qualitative Zusammensetzung der Nahrung. — Orn. Beob. Bern 58: 13–34.

GUNTEN, K. v. (1961b): Die Lebensgemeinschaft im Innern des Mehlschwalbennestes. — Orn. Beob. Bern 58: 84–91.

GUNTEN, K. v. (1962): Zur Ernährungsbiologie der Mehlschwalbe (*Delichon urbica*). — Festschr. 25jähr. Jubiläum Vogelschutzwarte Frankfurt/M.: 77–83.

GUNTEN, K. v. (1963): Untersuchung an einer Dorfgemeinschaft von Mehlschwalben, *Delichon urbica.* — Orn. Beob. Bern 60: 1–11.

GUNTEN, K v. & H. SCHWARZENBACH (1962): Zur Ernährungsbiologie der Mehlschwalbe, *Delichon urbica*: Quantitative Untersuchungen am Nestlingsfutter. — Orn. Beob. Bern 59: 1–22.

HAARTMAN, L. v. (1954): Der Trauerfliegenschnäpper. III. Nahrungsbiologie. — Acta Zool. Fenn. 83: 1–96.

HAAS, W. (1964): Verluste von Vögeln und Säugern auf Autostraßen. — Orn. Mitt. 16: 245–250.

HAENEL, K. (1940): Unsere heimischen Vögel, ihr Schutz und ihre Hege. — Würzburg.

HAINARD, R. (1935): Sur l'Avifauna du Val d'Arolla (Valais). — Orn. Beob. Bern 32: 106–107.

HALD-MORTENSEN, P. (1972): Bysvalens redebygning på Möns klint. — Feltorn. 14: 121.

HALLER, W. & H. BAUER (1958): Was wissen wir über die Schlafgewohnheiten ziehender Mehlschwalben? — Orn. Beob. Bern 60: 72–73.

HALLER, W. & J. HUBER (1937): Über das Nächtigen der Mehlschwalben. — Orn. Mber. 45: 81–82.

HAMMER, U. (1977): Zur Nistplatztradition der Mehlschwalbe (*Delichon urbica*). — Orn. Mitt. 29: 62–63.

HAMPE, H. (1928): Beobachtungen bei der Aufzucht eines Mischlings Mehlschwalbe × Rauchschwalbe. — Orn. Mber. 36: 165–169.

HAMPE, H. (1931a): Ein zweiter Mischling Mehlschwalbe × Rauchschwalbe. — Orn. Mber. 39: 1–4.

HAMPE, H. (1931b): Beobachtungen an aufgezogenen Schwalben. — Vögel fern. Länd. 4: 97–101.

HANCOCK, M. (1969): On house martins mating on the wing. — Brit. Birds 62: 285.

HANNOVER, B. (1975): Schwalbenkatastrophe im Herbst 1974. — Vogelkde. Hefte Waldeck–Frankenberg/Fritzlar–Homberg 1: 77–81.

HARMS, W. (1967): Mehlschwalbenbrut (*Delichon urbica*) am Hochhaus. — Vogel u. Heimat 16: 91–92.

HARMS, W. (1977): Ornithologische Beobachtungen am Pasterzengletscher (Großglockner) in Kärnten. — Orn. Mitt. 29: 172.

HARMS, W. (1979): Schwalben füttern Junge, die auf trockenen Ästen sitzen. — Orn. Mitt. 31: 222–223.

HARRISSON, T. H. (1931): On the Normal Flightspeeds of Birds. — Brit. Birds 25: 86.

HARTERT, E. (1903): Die Vögel der paläarktischen Fauna. — Berlin.

HARVEY, H. J. (1973): House martin apparently taking food from amony fir needles. — Brit. Birds 66: 448.

HARZ, K. (1953): Schwalben auf Falterjagd. — Orn. Mitt. 5: 137.

HAURI, R. (1966): Ein Mehlschwalbennest an Molassesandstein. — Orn. Beob. Bern 63: 2.

HAURI, R. (1967): Mehlschwalben finden Nestbaustoffe an einer Nagelfluhwand. — Orn. Beob. Bern 64: 90–91.

HAURI, R. (1978): Beiträge zur Brutbiologie des Mauerläufers *Tichodroma muraria.* — Orn. Beob. Bern 75: 173–192.

HAVERSCHMIDT, F. (1932): Waarneming van een bastaard van boerenzwaluw (*Hirundo r. rustica*) en huiszwaluw (*Delichon urbica*). Ardea 21: 120.

HEDRICH, W. (1926): Ungewöhnlicher Nistplatz des Hausrotschwanzes. — Mitt. Vogelwelt. S. 86.

HEER, E. (1965): Späte Bruten der Mehlschwalbe und der Rauchschwalbe. — Ber. naturw. Ver. Schwaben 69: 16–19.

HEER, E. (1972): Vögel in Gefahr. — Schwäb. Heimat 76: 35–40.

HEER, E. (1974): Mauersegler brütet in Mehlschwalbennest. — Orn. Mitt. 26: 70–71.

HEER, E. (1976): Die Vogelwelt rings um den Ipf. — Veröff. Natursch. Baden-Württ. 44/45: 196–340.

HEER, E. (1979): Über eine am Nest erhängte Mehlschwalbe (*Delichon urbica*). — Orn. Mitt. 31: 223.

HEER, E. (1980): Mehl- und Rauchschwalbe im Stadtgebiet von Bopfingen. — Nordschwaben 8: 104–106.

HEINROTH, O. & M. HEINROTH (1924): Die Vögel Mitteleuropas. Bd. 1. Berlin.

HEINZEL, H., R. FITTER & J. PARSLOW (1977): Pareys Vogelbuch. — Hamburg u. Berlin.

HEITKAMP, U. (1958): Flugbad des Mauerseglers (*Micropus apus*). — Orn. Mitt. 10: 237.

HELDT, R. (1961): Vogelverluste auf Autostraßen. — Orn. Mitt. 13: 202–203.

HELLER, M. & K. LORENZ (1932): Wirkung des Kälteeinbruchs im September 1931 auf den Schwalbenzug. — Vogelzug 3: 2–3.

HELMSTAEDT, K. W. (1961): Faunistische Bemerkungen über Vögel der Hohen Tatra. — J. Orn. 102: 308–316.

HENTSCHEL, E. & G. WAGNER (1976): Tiernamen und zoologische Fachwörter. — Jena.

HERBERIGS, H. (1952): *Delichon urbica*. — Gerfaut 62: 134–135.

HERTIG, W. (1959): Rauch- und Mehlschwalben suchen auf Acker nach Nahrung. — Orn. Beob. Bern 56: 100.

HEß, A. (1919): Ein Beitrag zur Avifauna des Binntales (Wallis). — Orn. Beob. Bern 17: 35–44.

HEYDER, R. (1938): Die Höhenverbreitung der Vögel im sächsischen Erzgebirge. — Mitt. Ver. Sächs. Orn. 5: 238–245.

HEYDER, R. (1952): Die Vögel des Landes Sachsen. — Leipzig.

HINDEMITH, J. (1972): Merkwürdiges Verhalten des Mauerseglers *(Apus apus)* gegenüber Mehlschwalben (*Delichon urbica*). — Vogelwelt 93: 71–72.

HÖLZINGER, J. (1969): Fünfjährige Untersuchungen über den Brutbestand der Mehl- und Rauchschwalbe (*Delichon urbica* et *Hirundo rustica*) in der Umgebung von Ulm. — Anz. orn. Ges. Bayern 8: 610–624.

HÖLZINGER, J. (1987): Die Vögel Baden-Württembergs, Bd. 1. — Karlsruhe.

HÖLZINGER, J. G. KNÖTZSCH, B. KROYMANN & K. WESTERMANN (1970): Die Vögel Baden-Württembergs – eine Übersicht. — Anz. Orn. Ges. Bayern 9: 1–175 (Sonderheft).

HOERTLER, F. (1934): Einige Beobachtungen über den Zaunkönig. — Beitr. Fortpfl. Vögel 10: 226.

HOESCH, W. & G. NIETHAMMER (1940): Die Vogelwelt Deutsch-Südwestafrikas, namentlich des Damara- u. Namalandes. — J. Orn. 88 (Sonderheft).

HÖSER, N. (1984): Brutbiologische Werte von Rauchschwalbe, *Hirundo rustica* L., und Mehlschwalbe, *Delichon urbica* (L.), im Bezirk Leipzig. — Abh. Ber. Nat.kd. Mus. Mauritianum Altenburg 11: 205–209.

HOFER, H. (1958): Späte Brut eines Mehlschwalbenpaares (*Delichon urbica*). — Orn. Mitt. 10: 235.

HOFFMANN, B. (1923): Ornithologisches aus Oberbozen (Süd-Tirol). — Verh. orn. Ges. Bayern 15: 346–359.

HOFFMANN, B. (1927a): Eine neue Felsensiedlung von Mehlschwalben. — Orn. Mber. 35: 43–45.

HOFFMANN, B. (1927b): Häufigkeit der Mehlschwalbe im Erzgebirge. — Verh. orn. Ges. Bayern 17: 529–530.

HOFFMANN, K. (1959): Über den Tagesrhythmus der Singvögel im arktischen Sommer. — J. Orn. 100: 84–89.

HOLUPIREK, H. (1970): Die Vögel des hohen Mittelerzgebirges. — Beitr. Vogelkde. 15: 105–182.

HOMEYER, E. F. V. (1876): Bastard von *Hirundo rustica* und *urbica*. — J. Orn. 24: 203–204.

HOMEYER, A. V. (1885): Eine Fahrt nach Möen. — Mschr. Dtsch. Ver. Schutz. Vogelwelt 10: 175–180.

HOMEYER, A. V. (1897): Biologische Beobachtungen. — Orn. Mber. 5: 17–19.

HONEGGER, R. (1957): Über Vogelverluste durch starken Hagelschlag und weitere Beobachtungen aus Thun. — Orn. Beob. Bern 54: 40.

HORST, F. (1930): Felsensiedlung von *Delichon urbica*. — Beitr. Fortpfl. Vögel 6: 132.

HORTLING, I. (1929): Ornitologisk handbok. — Helsingfors.

HÜBNER, G. (1975): In den Felsen des Tschirakman. — Falke 22: 158–161.

HULTEN, M. & V. WASSENICH (1960/61): Die Vogelfauna Luxemburgs. Luxemburg.

HUND, K. (1976): Beobachtungen, insbesondere zur Brutbiologie, an oberschwäbischen Populationen der Mehlschwalbe (*Delichon urbica*). — Orn. Mitt. 28: 169–178.

HUND, K. (1978): Die Mehlschwalbe. — Naturschutz Oberschwaben 15: 17–21.

HUND, K. (1980): Die Mehlschwalbe – Langzeituntersuchung an einer oberschwäbischen Brutvogelart. — Beitr. Kulturgesch. Althausen 3, Nr. 9 u. 11.

HUND, K. & R. PRINZINGER (1974): 11 tote Mehlschwalben (*Delichon urbica*) in einem Naturnest. — Orn. Mitt. 26: 151.

HUND, K. & R. PRINZINGER (1978): Bestandssteigerungen und Neuansiedlung bei der Mehlschwalbe (*Delichon urbica*) durch Kunstnester. — Ber. Dtsch. Sekt. int. Rat Vogelschutz 18: 92–93.

HUND, K. & R. PRINZINGER (1979a): Untersuchungen zur Biologie der Mehlschwalbe *Delichon urbica* in Oberschwaben. — Ökol. Vögel 1: 133–158.

HUND, K. & R. PRINZINGER (1979b): Untersuchungen zur Ortstreue, Paartreue und Überlebensrate nestjunger Vögel bei der Mehlschwalbe *Delichon urbica* in Oberschwaben. — Vogelwarte 30: 107–117.

HUND, K. & R. PRINZINGER (1981): Suchen sich Mehlschwalben *Delichon urbica* schon bald nach dem Ausfliegen den künftigen Brutplatz? — J. Orn. 122: 197–198.

HUND, K. & R. PRINZINGER (1985): Die Bedeutung des Lebensalters für brutbiologische Parameter der Mehlschwalbe (*Delichon urbica*). — J. Orn. 126: 15–28.

HUNZIKER-LÜTHY, G. (1971): Felsenschwalben als Gebäudebrüter im Oberwallis. — Orn. Beob. Bern 68: 223.

HUXLEY, J. (1938/39): House martins breeding in Dorsetcliffs. — Brit. Birds 32: 118.

HYLTÉN-CAVALLIUS, B. (1951): Kurze Mitteilung. — Fågelvärld 10: 49–65.

ILLIG, K. (1976): Erste Ergebnisse von Schwalbenzählungen im Kreis Luckau. — Biol. Stud. Luckau 5: 47–49.

ILGEN, M. (1986): Een huiszwaluwhistorie. — Het Vogeljaar 34: 226–229.

JACOBY, H., G. KNÖTZSCH & S. SCHUSTER (1970): Die Vögel des Bodenseegebietes. — Orn. Beob. Bern 67 (Beiheft).

JACQUAT, B. (1975): A propos de l'hivernage d'Hirondelles de fenêtre Delichon urbica dans le Jura Suisse. — Nos Oiseaux 33: 76–77.

JAKOBI, W. E. (1975): Luftverkehr und Vogelverhalten. — Falke 22: 78–81.

JANY, E. (1959): Vogelkundliche Beobachtungen in Italien und Sizilien. — Vogelwelt 80: 47–52.

JANY, E. (1960): An Brutplätzen des Lannerfalken (Falco biarmicus erlangeri KLEINSCHMIDT) in einer Kieswüste der inneren Sahara (Nordrand des Serir Tibesti) zur Zeit des Frühjahrszuges. — Proc. XII Int. Ornithol. Congr. Helsinki 1958: 343–352.

JENNING, W. (1955): Verksamheten vid Ottenby fågelstation 1954. — Fågelvärld 14: 201–224.

JÖGI, A. I. (1961): Massensterben von Schwalben in Estland Ende August 1959. — Arb. IV. Balt. Ornithol. Konf. Riga: 171–176.

JOHANSEN, H. (1955): Die Vogelfauna Westsibiriens. — J. Orn. 96: 58–91.

JOHANSEN, H. (1961): Die Entstehung der westsibirischen Vogelfauna. — J. Orn. 102: 375–400.

JONKERS, D. A. (1986): Enkele aantekeningen over de Huiszwaluwen van Lelystadt – Haven in 1965–1969. — Het Vogeljaar 34: 185–186.

JORDANIA, R. (1958): Zur Biologie der Mehlschwalbe in Georgien. — Falke 5: 131–132.

JOREK, N. (1975): Ungeahnte Seitensprünge. — Wir u. Vögel 7, H. 2.

JOURDAIN, F. & H. WITHERBY (1939): Cliff-breeding in the housemartin. — Brit. Birds 33: 16.

KADLEĆ, O. (1951): VIII. kroužkovaci zpráva Československé ornithologické spolećnosti za rok 1942. — Sylvia 13: 33–70.

KAISER, W. (1957): Beobachtungen an Rauch-, Mehl- und Uferschwalben. — Falke 4: 154–155.

KAISER, W. (1961): Sommerbeobachtungen an Singvögeln 1957 bis 1959. — Naturschutzarb. Mecklenb. 4: 19–35.

KAISER, W. (1974): Rückkehr der Zugvögel und Sangesbeginn in Mecklenburg 1956–1970. — Orn. Rundbr. Mecklenb. NF. 15: 43–55.

KAREILA, R. (1961): Beobachtungen über den Tagesrhythmus der Mehlschwalbe. — Orn. Fenn. 38: 65–72.

KASPAREK, M. (1976): Über Populationsunterschiede im Mauserverhalten der Rauchschwalbe (Hirundo rustica). — Vogelwelt 97: 121–132.

KEES, W. (1966): Beobachtungen an Mehlschwalben (Delichon urbica) und Rauchschwalben (Hirundo rustica) im Raum Bedburg-Erft. — Orn. Mitt. 18: 115–117.

KEES, W. (1968): Zur Bestandsaufnahme bei der Rauchschwalbe und Mehlschwalbe. — Orn. Mitt. 20: 220.

KEIL, D. (1984): Die Vögel des Kreises Hettstedt. — Apus 5: 149–208.

KESKPAIK, J. (1977): Ontogenic development of torpidity in the swallow and martins (Hirundo rustica, Delichon urbica, Riparia riparia). — Communic. Baltic Commiss. Study Bird Migr. 10: 144–161.

KESKPAIK, J. & D. LYULEYEVA (1968): Temporary hypothermia in swallows. — Communic. Baltic Commiss. Study Bird Migr. 5: 122–145.

KETTERING, H. (1973): Ungewöhnlicher Besuch im Schwegler-Mehlschwalbennest. — Emberiza 2: 185.

KEVE, A. (1960): Nomenclatur Avium Hungariae. — Budapest.

KIHLÉN, G. (1933): En bastard mellan Hussvala och Ladusvala funen i Dalsland. — Fauna och Flora 29: 210.

KING, B. & R. D. PENHALLURICK (1977): Swallows wintering in Cornwall. — Brit. Birds 70: 341.

KINZEL, W. & W. MEWES (1988): Auswertung langjähriger Schwalbenzählungen in einigen Dörfern des Kreises Lübz. — Orn. Rundbr. Mecklenb. N. F. 31: 35–53.

KIPP, F. (1943): Beziehungen zwischen dem Zug und der Brutbiologie der Vögel. — J. Orn. 91: 144–153.

KIPP, F. (1959): Der Handflügel-Index als flugbiologisches Maß. — Vogelwarte 20: 77–86.

KIVIRIKKO, K. E. (1947): Suom linnut. I. Porvoo. — Helsinki.

KLAFS, G. & J. STÜBS (Hrsg.) (1977 u. 1987): Die Vogelwelt Mecklenburgs. — Jena.

KLIEBER, D. (1973): Ungewöhnlicher Neststand der Mehlschwalbe (Delichon urbica). — Orn. Mitt. 25: 195.

KLIMA, M. (1959): Sezónni změny ve vyškovém rozšířeni ptáku Vysokých Tater. — Sylvia 16: 5–56.

KLOMP, H. (1970): The determination of clutch-size in birds, a review. — Ardea 58: 1–124.

KLUIJVER, H. N. (1951): The population ecology of the great tit, Parus m. major L. — Ardea 39, 1–135.

KNOBLOCH, H. (1955): Beobachtungen einiger Schwalben-Albinos. — Falke 2: 142.

KNOBLOCH, H. (1960): Haussperling-Albino in Zittau. — Beitr. Vogelkde. 7: 17.

KNOLLE, E. (1969): Zur Höhenverbreitung der Brutvögel im westlichen Harz. — Vogelwelt 90: 61–64.

KNORRE, D. V. (1971): Ornithologische Beobachtungen während einer Studienreise durch Mittel- und Ostgeorgien. — Beitr. Vogelkde. 17: 428–448.

KNORRE, D. V. et al. (Hrsg.): Die Vogelwelt Thüringens. — Jena.

KOENIG, O. (1952): Ökologie und Verhalten der Vögel des Neusiedlersee-Schilfgürtels. — J. Orn. 93: 207–289.

KOLOJARZEW, M. W. (1989): Lastočki. — Leningrad.

KÖVES, O. E. (1959): Extraordinary nesting of the house martin. — Aquila 66: 314.

KOLLIBAY, P. (1906): Die Vögel der Preußischen Provinz Schlesien. — Breslau.

KOOP, W. (1976): Der Brutvogelbestand in einem Altstadtviertel in Rostock. — Orn. Rundbr. Mecklenb. NF. 17: 11–12.

KORODI GÁL, I. (1958): Contributions to the knowledge of the ornis of the Bihar-Mountains. — Aquila 65: 217–223.

KOŽENÁ, J. (1975): The food of young house martins (Delichon urbica) in the Krkonoše mountains. — Zool. Listy 24: 149–162.

KRÄGENOW, P. (1969): Über eine Schwalbenzählung in den Kreisen Röbel und Waren. — Orn. Rundbr. Mecklenb. NF. 9: 58–62.

KRÄGENOW, P. (1972): Die Vögel der »Westsiedlung« in Waren (Müritz). — Mitt. IG Avifauna DDR 5: 87–89.

KRAMER, M. (1972): Die Besiedlung der Wohnstadt Halle-Süd durch die Mehlschwalbe. — Apus 2: 259–266.

KRAMER, V. (1956): Der Baumfalke (Falco subbuteo L.) in der Südlausitz. — Beitr. Vogelkde. 5: 75–77.

KRAMPITZ, H. (1956): Die Brutvögel Siziliens. — J. Orn. 97: 310–334.

KRAUSE, R. (1983): Ornithologische Beobachtungen aus der oberen »Goldenen Aue«. — Thür. Orn. Mitt. 31: 1–74.

KREÜGER, I. R. (1930): Ornitologiska iakttagelser omkring Pallasjärvi och Pallastunturi inom kittilä Lappmark somm sommaren 1918. — Orn. Fenn. 7: 2–12.

KRIETSCH, K. (1930): Bemerkenswerte Nistplätze vom Turmsegler, Haus- und Uferschwalbe. — Beitr. Fortpfl. Vögel 6: 211–212.

KROYMANN, B. & H. MATTES (1972): Der Bestand der Rauchschwalbe (Hirundo rustica) und Mehlschwalbe (Delichon urbica) auf der Hochfläche der Südalp. — Anz. orn. Ges. Bayern 11: 64–69.

KRÜGER, S. 1973): Siedlungsdichteuntersuchungen am Brutvogelbestand von Hoyerswerda-Neustadt im Jahr 1971. — Mitt. IG Avifauna DDR 6: 89–100.

KÜHLHORN, F. (1935): Die Vögel des Mansfelder See- und Gebirgskreises. — Mein Mansfelder Land. Beitr. zur Eislebener Ztg. 10: 190–236.

KUHK, R. (1926): Zum Freibrüten von Delichon urbica (L.). — Orn. Mber. 34: 179–180.

KUHK, R. (1932): Zur Geschichte der Freisiedlungen von Delichon urbica (L.) an den Kreidefelsen von Rügen. — Orn. Mber. 40: 50–51.

KUHK, R. (1962): Mehlschwalben als Freibrüter in Dänemark und Italien. — Falke 9: 30.

KUMERLOEVE, H. (1954): Massenansammlung von Schwalben am Amik-See (Türkei). — Orn. Mitt. 6: 15.

KUMERLOEVE, H. (1955): Ungewöhnlich späte Mehlschwalbenbrut. — Vogelwelt 76: 109–110.

KUMERLOEVE, H. (1957): Mauerseglerbruten in Mehlschwalbennestern. — Vogelwelt 78: 165.

KUMERLOEVE, H. (1964): Knospen und Jungtriebfilz von Pappeln als Nistmaterial von Mehlschwalben (Delichon urbica). — Vogelwelt 85: 125.

KUMERLOEVE, H. (1975): Lachmöwen (Larus ridibundus) als Nutznießer der Schwalbenkatastrophe im Spätherbst 1974. — Orn. Mitt. 27: 169.

LABISCH, W. (1960): Gartenrotschwanz brütet in Mehlschwalbennest. — Thür. Orn. Rundbr. 4: 27.

LACK, D. (1947): The significance of clutch-size. I–II. — Ibis 89: 303–352.

LACK, D. (1954): The Natural Regulation of Animal Numbers. — Oxford.

LAMBERT, K. (1956): Mehlschwalbe im Dezember. — Falke 3: 209.

LAMBERT, K. (1965a): Über die Vogelwelt im Gebiet Reuterstadt Stavenhagen-Ivenack. — Orn. Rundbr. Mecklenb. NF. 4: 11–43.

LAMBERT, K. (1965b): Mehl-Rauchschwalben-Bastarde in Mecklenburg. — Falke 12: 247.

LAMBERT, K. (1989): Die Vogelwelt des Conventer Sees und seiner Umgebung. — Beitr. Vogelkde. 35: 273–342.

LANCUM, H. (1948): Birds and the Land. — Ministry Agric. Fish. Bull 140.

LANDMANN, A. & C. LANDMANN (1978): Zur Siedlungsdichte der Rauchschwalbe Hirundo rustica und Mehlschwalbe Delichon urbica in der Unteren Schranne, Nordtirol. — Anz. orn. Ges. Bayern 17: 247–265.

LANZ, H. (1947): An Felsen brütende Mehlschwalben, Delichon urbica (L.) und Felsenschwalben, Riparia rupestris (Scop.) im Berner Oberland. — Orn. Beob. Bern 44: 36.

LASZLONE, M. (1980): Nesting of house martin Delichon urbica and swallow Hirundo rustica in the centre of Szeged 1976–1980. — Pußta 9: 9.

LEICHSENRING, C. (1967): Haussperling füttert junge Mehlschwalben. — Falke 14: 138.

LENSCH, M. (1976): Ornithologische Beobachtungen auf der Halbinsel Chalkidiki/Nordgriechenland. — Orn. Mitt. 28: 123–126.

LENZ (1954): Schwalbenflug und Wettervorhersage. — Mikrokosmos 42: 5.

LENZ, M., J. HINDEMITH & B. KRÜGER (1972): Zum Brutvorkommen der Mehlschwalbe (Delichon urbica) in West-Berlin 1969 und 1971. — Vogelwelt 93: 161–164.

LIEDEL, K. & D. LUTHER (1969): Beitrag zur Avifauna Bulgariens. — Beitr. Vogelkde. 14: 406–435.

LIERATH, W. (1960): Schleiereule (Tyto alba guttata) schlägt Mehlschwalben (Delichon urbica) im Nest. — Orn. Mitt. 12: 179.

LIND, E. A. (1960): Zur Ethologie und Ökologie der Mehlschwalbe, *Delichon* u. *urbica* (L.). — Ann. Zool. Soc. »Vanoma« 21: 1–123.

LIND, E. A. (1962): Verhalten der Mehlschwalbe, *Delichon* u. *urbica* (L.), zu ihren Feinden. — Ann. Zool. Soc. »Vanoma« 23: 1–38.

LIND, E. A. (1963): Zum Schwarmverhalten der Mehlschwalbe, *Delichon* u. *urbica* (L.). — Ann. Zool. Soc. »Vanoma« 25: 1–71.

LIND, E. A. (1964): Nistzeitliche Geselligkeit der Mehlschwalbe, *Delichon* u. *urbica* (L.). — Ann. Zool. Fennici 1: 7–43.

LINDORFER, J. (1970): Nester und Gelege der Brutvögel Oberösterreichs. — Linz.

LINLEYEVA, D. S. (1967): Ringing results for the house martin on the Courland Spit during the period 1958–1963. — Commun. Balt. Commiss. Study Bird Migr. 4: 101–108.

LIPPENS, L. & H. WILLE (1972): Atlas des oiseaux de Belgique et de l'Europe Occidentale. — Tielt.

LÖHRL, H. (1954): Erfahrungen mit künstlichen Schwalbennestern. — Orn. Mitt. 6: 5.

LÖHRL, H. (1955): Schlafgewohnheiten der Baumläufer (*Certhia brachydactyla*, *C. familiaris*) und anderer Kleinvögel in kalten Winternächten. — Vogelwarte 18: 71–77.

LÖHRL, H. (1956): Katzen als Vogelfeinde. — Gef. Welt 80: 210–212.

LÖHRL, H. (1963): Zur Höhenverbreitung einiger Vögel in den Alpen. — J. Orn. 104: 62–68.

LÖHRL, H. (1964): Mischgelege, Doppelgelege und verlegte Eier bei Höhlenbrütern (Gattung *Parus*, *Ficedula*). — Vogelwelt 85: 182–188.

LÖHRL, H. (1968): Das Nesthäkchen als biologisches Problem. — J. Orn. 109: 383–395.

LÖHRL, H. (1971): Die Auswirkung einer Witterungskatastrophe auf den Brutbestand der Mehlschwalbe (*Delichon urbica*) in verschiedenen Orten in Süddeutschland. — Vogelwelt 92: 58–66.

LÖHRL, H. (1973): Nisthöhlen, Kunstnester und ihre Bewohner. — Stuttgart.

LÖHRL, H. (1974): Schwalbentragödie im Herbst 1974. — Umschau 74: 774–775.

LÖHRL, H. & H. GUTSCHER (1969): Mehr Mehlschwalben durch Kunstnester. Ein Beispiel aus dem Dorf Riet. — Jb. Dtsch. Bund Vogelschutz S. 25–27.

LÖHRL, H. & V. DORKA (1981): Beiträge zum Übernachten der Mehlschwalbe, *Delichon urbica* und zu ihrem Verhalten in Afrika. — Ökol. Vögel 3: 1–6.

LØVENSKIOLD, H. L. (1947): Håndbok over Norges fugler. Oslo.

LORENZ, K. (1932): Beobachtungen an Schwalben anläßlich der Zugkatastrophe im September 1931. — Vogelzug 3: 4–10.

LOSKE, K.-H. (1983): Eine flügellos geborene Mehlschwalbe (*Delichon urbica*). — Vogelwelt 104: 178–179.

LOSKE, K.-H. (1986): Maße und Gewichte in einer mittelwestfälischen Population der Mehlschwalbe (*Delichon urbica*). — Vogelwarte 33: 332–335.

LOSKE, K.-H. & P. RINSCHE (1977): Nachweise zweier Bastarde zwischen Rauchschwalbe (*Hirundo rustica*) und Mehlschwalbe (*Delichon urbica*). — Alcedo 4: 67–69.

LÜHMANN, M. (1937): Vogelnester und ihre Bewohner. — Alcedo 8: 63–64.

LÜPKE, M. (1970): Vogelverluste an einer Landstraße. — Naturschutzarb. Mecklenb. 13: 31.

LÜSCHER, H. (1975): Mehlschwalben überwintern in den Freibergen. — Vögel Heimat 45: 172.

LUNAU, O. (1941): Mehlschwalben als Innenbrüter im nordwestlichen Mecklenburg. — Beitr. Fortpfl. Vögel 17: 109–111.

LYULEYEVA, D. S. (1963): Behaviour of the swallows at the time of the spring arrival and autumn departure. — Communic. Baltic Commiss. Study Bird Migr. 2: 89–95.

LYULEYEVA, D. S. (1973): Features of swallow biology during migration. In: Bird Migrations, Ecological and Physiological Factors.

MÄDLER, E. (1964): Flugbadende Schwalben. — Beitr. Vogelkde. 10: 127.

MÄRZ, R. (1954): »Sammler« Waldkauz. — Beitr. Vogelkde. 4: 7–34.

MÄRZ, R. (1957): Das Tierleben des Elbsandsteingebirges. — Wittenberg-Lutherstadt.

MÄRZ, R. (1987): Gewöll- und Rupfungskunde. — Berlin.

MAKATSCH, W. (1950): Die Vogelwelt Macedoniens. — Leipzig.

MAKATSCH, W. (1953): Der Vogel und sein Nest. — N. Brehm-Büch. 14.

MAKATSCH, W. (1955): Der Brutparasitismus in der Vogelwelt. — Radebeul u. Berlin.

MAKATSCH, W. (1957): Beobachtungen auf einer Frühjahrsreise durch Algerien. — Vogelwelt 78: 19–31.

MAKATSCH, W. (1961): Die Vögel in Haus, Hof und Garten. — Radebeul u. Berlin.

MAKATSCH, W. (1976): Die Eier der Vögel Europas. Bd. 2. — Leipzig u. Radebeul.

MAKATSCH, W. (1978): Ornithologische Beobachtungen in Griechenland (Aves) 3. Teil. — Faun. Abh. Mus. Tierk. Dresden 7: 29–53.

MALCHEVSKY, A. S. (1960): On the biological races of the common cuckoo *Cuculus canorus* L., in the territory of the European USSR. — Proc. XII Int. Ornithol. Congr. Helsinki 1958: 464–470.

MALTZAHN, H. v. (1953): Mehlschwalben (*Delichon urbica*) in Südwestafrika. — Vogelwarte 16: 174.

MANSFELD, K. (1954): Vogelschutz in Wald, Feld und Garten. — Berlin.

MANSFELD, K. (1958): Zur Ernährung des Rotrük-kenwürgers (*Lanius collurio collurio* L.), besonders hinsichtlich der Nestlingsnahrung, der Vertilgung von Nutz- und Schadinsekten und seines Einflusses auf den Singvogelbestand. — Beitr. Vogelkde. 6: 271–292.

MANSFELD, K. (1960): Blaumeisenbrut in Mehlschwalbennest. — Falke 7: 155.

MANSFELD, K. (1964): Die Vogelfauna der Gemarkung Seebach, Krs. Mühlhausen (Thür.), insbesondere die Populationsdynamik im Seebacher Burgpark. — Beitr. Vogelkde. 9: 199–230.

MARÉCHAL, P. (1986): De Huiszwaluw als leverancier van nestgelegenheid. — Het Vogeljaar 34: 202–205.

MATHER, J. R. (1973): House martin apparently to roost in sand martin colony. — Brit. Birds 66: 447–448.

MATOUŠEK, B. (1956): Hniezdenie beloritok na skalách ohništa v nizkych tatrách. — Sbornik krajsk. Múz. Trnave 2: 85–86.

MATTHES, W. (1961): Bemerkenswerte Vogelbeobachtungen in Rheinhessen. — Orn. Mitt. 13: 126–127.

MATTHIESEN, C. (1931): Eine Schwalbenstatistik (1. Jahr, 1930). — Beitr. Fortpfl. Vögel 7: 47–49.

MATTHIESEN, C. (1932): Eine Schwalbenstatistik (2. Jahr, 1931). — Beitr. Fortpfl. Vögel 8: 101–103.

MATTHIESEN, C. (1933): Eine Schwalbenstatistik (3. Jahr, 1932). — Beitr. Fortpfl. Vögel 9: 48–51.

MAUERSBERGER, G. (1969): Urania Tierreich. Vögel. — Leipzig, Jena, Berlin.

MAUERSBERGER, G. (1971): Ökologische Probleme der Urbanisierung. — Falke 18: 76–82.

MAYAUD, N. (1933): A propos de la nidification des Hironelles de long des parois rocheuses. — Gerfaut 23: 38.

MAYR, E. (1926): Das Freibrüten der Mehlschwalbe, *Delichon urbica* L., an den Kreidefelsen von Stubbenkammer auf Rügen. — Orn. Mber. 34: 114.

MEBS, T. (1957): Ornithologische Beobachtungen in Sizilien. — Vogelwelt 78: 169–176.

MEIER, W. (1980a): Kunstnester für Mehlschwalben selbst gebaut. — Vogelkde. Hefte Waldeck-Frankenberg/Fritzlar-Homberg 6: 98–106.

MEIER, W. (1980b): Ungewöhnliches Mehlschwalbennest. — Vogelkde. Hefte Waldeck-Frankenberg/Fritzlar-Homberg 6: 107–109.

MEIER, W. & M. METTE (1976): Die Auswirkung der Zugkatastrophe im Herbst 1974 auf den Schwalbenbestand im unteren Edertal. — Vogelkde. Hefte Waldeck-Frankenberg/Fritzlar-Homberg 2: 113–123.

MELCHIOR, E. (1973): Rauch- und Mehlschwalben beim Sonnenbaden. — Regulus 53: 54–55.

MELDE, F. (1971): Die Rauchschwalben- und Mehlschwalbenpopulationen in einem Dorfe. — Falke 18: 278–279.

MENZEL, H. (1962): Zu: Katze schlägt fliegende Mehlschwalbe (*Delichon urbica*). — Orn. Mitt. 14: 211.

MENZEL, H. (1971): Der Gartenrotschwanz. — N. Brehm-Büch. 438.

MENZEL, H. (1976): Der Hausrotschwanz. — N. Brehm-Büch. 475.

MENZEL, H. & M. MÜLLER (1979): Späte Brut der Mehlschwalbe (*Delichon urbica*) in der Oberlausitz. — Beitr. Vogelkde. 25: 225.

MERIKALLIO, (1958): Finnish Birds, their Distribution and Numbers. Coc. Fauna et Flora Fenn. V. — Helsinki.

MESTER, H. (1957): Stoßbad und »Trockenflug« der Mehlschwalbe (Delichon urbica). — Orn. Mitt. 9: 225.

MESTER, H. (1974): Gehäuftes Vorkommen von *Hyalomma excavatum* KOCH, 1844 (Ixodoiden, Isodidae) auf Singvögeln. — Beitr. Vogelkde. 20: 181–190.

MEWES, W. (1978): Ergebnisse aus Erfassungen der Rauch- und Mehlschwalbe durch Schüler im Kreis Lübz. — Falke 25: 238–244.

MEWES, W. (1979): Brutvogelbestand des Dorfes Barkow (Kreis Lübz) 1975. — Orn. Rundbr. Mecklenb. NF. 20: 40–44.

MICHAELSEN, J. (1970): Hybrids between swallow and house martin at Tønsberg, Norway. — Sterna 9: 59–60.

MICHEL, J. (1929): Tiere der Heimat. 1. Die Wirbeltiere als Bewohner und Gäste im Heimatgau. — Tetschen. a. d. Elbe.

MICHELS, H. (1967): Ornithologische Beobachtungen auf Korsika. — Orn. Mitt. 19: 254–257.

MICHELS, H. (1983): Flavistische Schwalbe (*Delichon urbica*?) und flavistische Elster (*Pica pica*). — Orn. Mitt. 35: 160.

MIKKOLA, H. (1972): Zur Aktivität und Ernährung des Sperlingskauzes (*Glaucidium passerinum*) in der Brutzeit. — Beitr. Vogelkde. 18: 297–309.

MÖHRING, G. (1958): Rauch- und Mehlschwalben nehmen Insektennahrung vom Boden zu Fuß auf. — Falke 5: 119.

MÖLLER, A. P. (1974): Tre års undersogelser i kolonier af Bysvale (*Delichon urbica* [L.]). — Flora Fauna Aarbog 80: 74–80.

MÖNNING, M. (1972): Vögel als Bienenfeinde. — Falke 19: 355.

MOHR, R. (1960): Fang von Mehlschwalben (*Delichon urbica*) mit dem Japannetz. — Z. Tierpsychol. 29: 13.

MÜLLER, G., A. PFEIFFER & E. SCHMIDT (1973): Fang und Beringung eines Bastards zwischen Rauch-und Mehlschwalbe – *Hirundo rustica* × *Delichon urbica*. — Emberiza 2: 185–186.

MÜLLER, J. (1969): Über den Einfluß anthropogener Landschaftsveränderung auf Stare und Schwalben an einem Massenschlafplatz nach langjährigem Bestehen. — Naturk. Jber. Mus. Heinaenum 4: 55–60.

MÜLLER, S. (1975): Bemerkenswerte avifaunistische Beobachtungen aus Mecklenburg. — Jahresbericht für 1973. — Orn. Rundbr. Mecklenb. NF. 16: 54–80.

MÜLLER, S. (1976): Bemerkenswerte avifaunistische Beobachtungen aus Mecklenburg, Jahresbericht für 1974. — Orn. Rundbr. Mecklenb. NF. 17: 34–58.

MÜLLER, S. (1977): Bemerkenswerte avifaunistische Beobachtungen aus Mecklenburg. Jahresbericht für 1975. — Orn. Rundbr. Mecklenb. NF. 18: 52–88.

MÜLLER, S. (1978): Bemerkenswerte avifaunistische Beobachtungen aus Mecklenburg. Jahresbericht für 1976. — Orn. Rundbr. Mecklenb. NF. 19: 39–69.

MÜLLER, S. (1982): Bemerkenswerte avifaunistische Beobachtungen aus Mecklenburg – Jahresbericht für 1980. — Orn. Rundbr. Mecklenb. NF. 25: 72–99.

MÜLLER-SCHNEE, W. (1961): Spätbrut der Mehlschwalbe – Delichon urbica – in Oberursel./Ts. — Luscinia 34: 27.

MÜLLER, W. (1970): Die Einwanderung der Mehlschwalbe (Delichon urbica) im Stadtkreis Oberhausen. — Charadrius 6: 109.

MÜLLER, PFEIFFER & SCHMITT (1973): Fang und Beringung eines Bastards zwischen Rauch- und Mehlschwalbe – Hirundo rustica x Delichon urbica. — Emberiza 2: 185–186.

MULSOW, R. & M. MULSOW (1967): Beobachtungen zur Vogelwelt des Gran Paradiso-Nationalparkes. — Orn. Mitt. 19: 249–250.

MUNSTERHJELM, L. (1911): Om fågelfaunan i Könkämädalen uti Lappmarken. — Acta Soc. Fauna Flora Fennica 34: 1–82.

MUNTEANU, D. & M. MATIES (1980): Der Frühlingszug der Mehlschwalbe (Delichon urbica) in Rumänien. — Larus 31–32: 357–364.

MURR, F. (1936): Noch eine Siedlung felsenbrütender Mehlschwalben. — Beitr. Fortpfl. Vögel 12: 252.

MURR, F. (1953): Zur Flug- und Zughöhe der Mehlschwalbe. — Vogelwelt 74: 60–61.

MYRES, M. T. (1953): Some observations on the autumn migration of Hirundines through the Austrian Alps. — Ibis 95: 310 - 315.

NAGY, E. (1908): An der Felsenwand brütende Hausschwalben. — Aquila 15: 301.

NANKINOV, D. N. (1984): Nesting habits of the tree sparrow, Passer montanus L., in Bulgaria. — International Studies on Sparrows 11: 47–70.

NAUMANN (1901): Naturgeschichte der Vögel Mitteleuropas (Hrsg. C. R. HENNICKE). Bd. 4. Gera-Untermhaus.

NETTERSTRÖM, R. (1961): Hussvala med en vinge. — Sterna 4: 289.

NEUMANN, J. (1978): Zu: Rauchschwalben (Hirundo rustica) füttern ihre in Baumkronen sitzenden Jungen. — Orn. Mitt. 30: 233–234.

NICHT, M. (1961): Beiträge zur Avifauna Armeniens. — Zool. Abh. Mus. Tierk. Dresden 26: 79–99.

NIEDERFRINIGER, O. (1971): Die Felsenschwalbe, Ptyonoprogne rupestris, in Südtirol. — Monticola 2: 133–136.

NIETHAMMER, G. (1937 u. 1938): Handbuch der deutschen Vogelkunde. Bd. 1 u. 2. — Leipzig.

NIETHAMMER, J. (1967): Zwei Jahre Vogelbeobachtungen an stehenden Gewässern bei Kabul in Afghanistan. — J. Orn. 108: 119–164.

NOWAK, E. (1974): Über das Verhalten der Kleinvögel gegenüber der Türkentaube. — Orn. Mitt. 26: 116–118.

OAK Nordharz u. Vorland (1972): Avifaunistischer Jahresbericht 1971. — Naturk. Jber. Mus. Heineanum 7: 81–108.

Orn. Arbeitsgr. Berlin (West) (1984): Brutvogelatlas Berlin (West). — Orn. Ber. f. Berlin (West), 9 (Sonderheft).

OELKE, H. (1960): Ornithologische Wandereindrücke aus Südtirol. — Orn. Mitt. 12: 105–110.

OELKE, H. (1962): Die Peiner Schwalbenzählung 1961. — Beitr. Naturk. Nieders. 15: 75–83.

OESER, R. (1966): Über das Verhalten von Rauch- und Mehlschwalben, Hirundo rustica und Delichon urbica, auf einer Stein- und Schutthalde. — Beitr. Vogelkde. 11: 342–343.

OLIVER, G. (1938): Les oiseaux de la Haute Normandie. — Oiseaux 8: 159–218.

OTTERLIND, G. & I. LENNERSTEDT (1964): Den soenska fågelfaunan och biocidskadorna. — Fågelvärld 23: 363–415.

OTTO, D. J. (1974): Untersuchungen über Biotopansprüche der Mehlschwalbe (Delichon urbica) in Hamburg. — Hamb. Avifaun. Beitr. 12: 161–184.

OTTO, W. (1978): Aus der Vogelwelt des Retezat- und Taren-Gebirges (SR Rumänien). — Falke 25: 128–132.

OWEN, J. H. (1939): Little owl taking house martin. — Brit. Birds 33: 111.

PANNACH, D. (1979): Notizen über die Vogelwelt des Industriegeländes Großkraftwerk Boxberg. — Abh. Ber. Naturkundemus. Görlitz 53 (5): 1–8.

PANNACH, D. (1983): Zum Gesang des Dornwürgers, Lanius collurio. — Beitr. Vogelkde. 29: 327–328.

PANOW, E. N. (1974): Die Steinschmätzer. — N. Brehm-Büch. 482.

PASZKOWSKI, W. (1969): Zur Ernährung der Rauch- und Mehlschwalbe. — Orn. Mitt. 21: 60.

PAULL, D. E. (1968): Note on house martin attracted by gardenfire. — Brit. Birds 61: 312.

PAX, F. (1925): Wirbeltierfauna von Schlesien. — Berlin.

PEITZMEIER, J. (1939): Kann abweichendes oekologisches Verhalten einer Vogelpopulation durch psychologische Faktoren erklärt werden? — Orn. Mber. 47: 161–166.

PELTZER, R. (1969): Tätigkeitsbericht 1967 der Arbeitsgruppe Feldornithologie. — Regulus 49: 26–44.

PELTZER, R. (1970): Tätigkeitsbericht 1966/67 der Arbeitsgruppe Beringung. — Regulus 50: 1–20 (Beilage).

PERRINS, C. M. (1965): Population fluctuations and clutch-size in the great tit, Parus major. — J. An. Ecol. 34: 601–647.

PESSON, P. (1954): Régulation du comportement chez l'Hirundell de fenêtre Delichon urbica urbica

(LINNE): Reconstruction du nid dans des conditions anormales en période d'élevage des jeunes. — Alauda 26: 246–255.

PETERS, H. (1961): Wintergoldhähnchen (*Regulus regulus*) nächtigen im Ameisennest. — Egretta 4: 54.

PETERSON, R., G. MOUNTFORT & P. A. D. HOLLUM (1973): Die Vögel Europas. — Hamburg u. Berlin.

PEUS, F. (1967): Zur Kenntnis der Flöhe Deutschlands. — Dtsch. ent. Z. NF. 14: 81–108.

PFLUGBEIL, A. & K. KLEINSTÄUBER (1954): Beobachtungen bei der Beringungsarbeit an 85 Schwarz- und Rotmilanhorsten in Deutschland. — Beitr. Vogelkde. 3: 279–287.

PLATH, L. (1974): Die Brutvögel des Überseehafens Rostock im Jahre 1972. — Orn. Rundbr. Mecklenb. NF. 15: 5–15.

PLATH, L. (1975a): Der Brutvogelbestand eines Industrie- und Lagerbezirkes im Stadtgebiet von Rostock. — Mitt. IG Avifauna DDR 8: 81–83.

PLATH, L. (1975b): Die Brutvögel des Neubauwohnkomplexes Rostock–Lütten Klein. — Naturschutzarb. Mecklenb. 18: 27–29.

PLATH, L. (1977): Bestand der Mehlschwalbe an den Kreideküsten der Insel Rügen. — Falke 24: 280–281.

PLATH, L. (1978): Die Brutvögel des Neubaukomplexes Rostock–Lütten Klein in den Jahren 1975 bis 1977. — Naturschutzarb. Mecklenb. 21: 53–57.

PLATH, L. (1981): Ungewöhnliche Nistplätze der Mehlschwalbe (*Delichon urbica*)? — Orn. Rundbrief Mecklenb. NF. 24: 19–20.

PLATH, L. (Mskr.): Zum Brutvorkommen der Mehlschwalbe (*Delichon urbica*) in den Neubaugebieten der Stadt Rostock..

PRICE, F. W. (1888): Swifts laying in martins' nests. — Zool. N. York 3: 68.

PRING, C. J. (1929): Great spotted woodpecker destroying nests and enting young of house martins. — Brit. Birds 23: 129–131.

PRINZINGER, R., K. HUND & G. HOCHSIEDER (1979): Brut- und Bebrütungstemperatur am Beispiel von Star (*Sturnus vulgaris*) und Mehlschwalbe (*Delichon urbica*): Zwei Bebrütungsparameter mit inverser Tagesperiodik. — Vogelwelt 100: 181–188.

PRINZINGER, R., H. Maisch & K. HUND (1979): Untersuchungen zum Gasstoffwechsel des Vogelembryos: I. Stoffwechselbedingter Gewichtsverlust. Gewichtskorrelation, tägliche Steigerungsrate und relative Gasenergieproduktion. — Zool. Jb. Physiol. 83: 180–191.

PRINZINGER, R. & K. SIEDLE (1986): Experimenteller Nachweis von Torpor bei jungen Mehlschwalben *Delichon urbica*. — J. Orn. 127: 95–96.

PRÜNTE, W. & H. MESTER (1956): Ungewöhnliche Brutplätze der Ufer- und Mehlschwalbe. — Orn. Mitt. 8: 197.

PRZYGODDA, W. (1976): Erfahrungsbericht über die Schwalbenkatastrophe im Herbst 1974. — Mitt.

Landesanst. Ökol. Landsch.entw. Forstplan. Nordrhein–Westf. 1: 157–161.

PÜTTGER, A. (1980): Abnormer Nestbau von Mehlschwalben (*Delichon urbica*). — Corax 8: 55–56.

PÜTTMANN, R. (1973): Zur Siedlungsdichte der Rauch- und Mehlschwalben in zwei Dörfern am Haarstrang und zur Problematik der Auswertung von Schwalben-Bestandsaufnahmen. — Anthus 10: 39–44.

QUANTZ, B. (1927): Nochmals das Freibrüten der Schwalben. — Orn. Mber. 35: 49–51.

RABE, E. (1932): Abnormer Stand eines Nestes der Mehlschwalbe, *Delichon u. urbica*. Orn. Mber. 40: 49.

REICHENOW, A. (1902): Die Kennzeichen der Vögel Deutschlands. — Neudamm.

REICHHOLF-RIEHM, H., H. REICHHOLF & J. REICHHOLF (1973): Mehlschwalben (*Delichon urbica*) »helfen« ihren Jungen beim Ausfliegen. — Vogelwelt 94: 191.

REID, J. C. (1981): Die Schwalbenkatastrophe vom Herbst 1974. — Egretta 24: 76–80.

REISER, O. (1905): Materialien zu einer Ornis Balcanica. — Wien.

REKASI, J. (1975): Brütende Mehlschwalben (*Delichon urbica*) auf der Fährte von Tihany. — Aquila 80/81: 307.

RENDELL, L. (1945): Intense molestation of house martin by sparrows. — Brit. Birds 38: 238.

RESSL, F. (1963): Können Vögel als passive Verbreiter von Pseudoscorpionen betrachtet werden? — Vogelwelt 84: 114–119.

RETTIG, K. (1976): Ornithologische Ferienbeobachtungen im Tuxertal/Tirol. — Orn. Mitt. 28: 146–149.

RETTIG, K. (1977): Ornithologische Ferienbeobachtungen am Ossiacher See. — Orn. Mitt. 29: 181–184.

REY, E. (1912): Die Eier der Vögel Mitteleuropas. — Gera.

RHEINWALD, G. (1969): Das Alter der Mehlschwalbe (*Delichon urbica*) in Riet. — Vogelwarte 25: 141–147.

RHEINWALD, G. (1970): Die Einwirkung der Witterungskatastrophe Anfang Juni 1969 auf die Mehlschwalben (*Delichon urbica*) verschiedener Altersklassen in Riet. — Vogelwelt 91: 150–153.

RHEINWALD, G. (1971): Gewichtsentwicklung nestjunger Mehlschwalben (*Delichon urbica*) bei verschiedenen Witterungsbedingungen. — Charadrius 7: 114–120.

RHEINWALD, G. (1973a): Die Flügellänge der Mehlschwalbe: Altersabhängigkeit, Geschlechtsunterschied und Vergleich zweier Populationen. — Bonner zool. Beitr. 24: 374–385.

RHEINWALD, G. (1973b): Diskussionsrede 84. Jahresversammlung der DOG in Saarbrücken. — J. Orn. 114: 378.

RHEINWALD, G. (1973/74): Die Mehlschwalbe – Vogel des Jahres 1974. — Dtsch. Bund Vogelsch. Jahresheft 1973/74: 38–40.

RHEINWALD, G. (1974): Untersuchungen an Mehlschwalben im Raum Euskirchen-Bonn. — Bonner Rhein. Heimatpfl. 11: 251–256.

RHEINWALD, G. (1975a): The pattern of settling distances in a population of house martins Delichon urbica. — Ardea 63: 136–145.

RHEINWALD, G. (1975b): Übernachten auch Mehlschwalben in der Luft? — Vogelwelt 96: 221–224.

RHEINWALD, G. (1977): Inzucht-Verpaarungen bei Mehlschwalben (Delichon urbica). — Bonner zool. Beitr. 28: 299–303.

RHEINWALD, G. (1979): Brutbiologie der Mehlschwalbe (Delichon urbica) im Bereich der Voreifel. — Vogelwelt 100: 85–107.

RHEINWALD, G. (1982): Brutvogelatlas der Bundesrepublik Deutschland. Kartierung 1980. — Schriftenreihe Dachverband Deutscher Avifaunisten Nr. 6.

RHEINWALD, G. & H. GUTSCHER (1969): Dispersion und Ortstreue der Mehlschwalbe (Delichon urbica). — Vogelwelt 90: 121–140.

RHEINWALD, G. H. GUTSCHER & K. HÖRMEYER (1976): Einfluß des Alters der Mehlschwalbe (Delichon urbica) auf ihre Brut. — Vogelwarte 28: 190–206.

RHEINWALD, G. & K. SCHULZE-HAGEN (1972): Vergleichende Untersuchungen zur Gewichtsentwicklung von Rauch- und Mehlschwalbe (Hirundo rustica, Delichon urbica) bei verschiedenen Witterungsbedingungen. — Charadrius 8: 74–81.

RINGLEBEN, H. (1933): Über das Nisten von Delichon u. urbica in Gebäuden. — Orn. Mber. 41: 177.

RINGLEBEN, H. (1936): Übernachten Mehlschwalben gemeinschaftlich im Rohr? — Orn. Mber. 44: 159.

RINGLEBEN, H. (1948): Über einen Schwalben- und einen Rotschwänze-Bastard. — Vogelwarte 15: 40–41.

RINNHOFER, G. (1977): Mehlschwalben beim Nestbau. — Falke 24: 136–138.

ROBERTS, B. B. (1932): On the normal flight-speed of birds. — Brit. Birds 25: 220.

ROBIEN, P. (1931): Brutstudien an pommerschen Vögeln. — Orn. Mber. 39: 165–167.

ROSICKÝ, B. (1950): Blechy (Aphaniptera) jako parasiti našich ptáku. — Sylvia 11/12: 61–66.

RUDEBECK, G. (1956): Some aspects on bird migration in the western palaearctic region. Lund.

RÜPPELL, W. (1934): Versuche der Ortstreue und Fernorientierung der Vögel III. Heimfinde-Versuche mit Rauchschwalben (Hirundo rustica) und Mehlschwalben (Delichon urbica) von H. WARNAT (Berlin-Charlottenburg). — Vogelzug 5: 161–166.

RÜPPELL, W. (1936): Heimfindeversuche mit Staren und Schwalben 1935. — J. Orn. 84: 180–198.

RÜPPELL, W. (1944): Über die Mehlschwalbe (Delichon urbica) als Großstadtvogel in Charkow. — Orn. Mber. 52: 106–108.

RUGE, K. (1974): Europäische Schwalbenkatastrophe im Oktober 1974: Bitte 1975 auf die Brutbestände achten! — Vogelwarte 27: 299–300.

RUGE, K. (1975): Die Schwalben-Katastrophe 1974 im süddeutschen Raum. — Orn. Mitt. 27: 9–12.

RUTSCHKE, E. (Hrsg.) (1987): Die Vogelwelt Brandenburgs. — Jena.

RYDZEWSKI, W. (1978): The longevity of ringed birds. — The Ring 8: 218–262.

SAEMANN, D. (1973a): Beobachtungsbericht 1969–1972 der AG Avifaunistik im Bezirk Karl-Marx-Stadt. — Actitis 9: 1–98.

SAEMANN, D. (1973b): Untersuchungen zur Siedlungsdichte der Vögel in verschiedenen Großstadthabitaten. — Mitt. IG Avifauna DDR 6: 3–24.

SAEMANN, D. (1976): Die Vogelfauna im Bezirk Karl-Marx-Stadt während der Jahre 1959 bis 1975. Actitis 11: 3–85.

SAGER, H. (1944): Späte Mehlschwalbenbrut. — Beitr. Fortpfl. Vögel 20: 69.

SAGER, H. (1958): Ankunftsdaten einiger Vogelarten im Kreise Segeberg (Holstein). — Orn. Mitt. 10: 124.

SALOMONSEN, F. (1927a): Ornithologiske Studier i Nordskandinavien. — Dansk Orn. Foren. Tidsskr. 21: 100–101.

SALOMONSEN, F. (1927b): Zum Freibrüten der Mehlschwalben an den Kreidefelsen. — Orn. Mber. 35: 51.

SANDMANN, A. (1979): Eine Mehlschwalbe schließt Freundschaft mit Menschen. — Vogelkde. Hefte Waldeck-Frankenberg/Fritzlar-Homberg 5: 76–79.

SCHÄFER, H. (1939): Beobachtungen an den Schwalben meiner Heimat. — Vogelring 11: 58–73.

SCHACHT, H. (1877): Die Vogelwelt des Teutoburger Waldes. Detmold.

SCHERNER, E. R. (1968): Neststände unserer Schwalben (Delichon urbica, Hirundo rustica). — Orn. Mitt. 20: 219–220.

SCHERNER, E. R. (1975): Blaumeise brütet in einem Nest der Mehlschwalbe. — Falke 22: 283.

SCHERNER, E. R. (1978): Bemerkenswerter Neststand der Mehlschwalbe (Delichon urbica). — Corax 6 (3): 41–42.

SCHIERER, J. (1968): Bestandsaufnahme bei der Rauchschwalbe (Hirundo rustica) und Mehlschwalbe (Delichon urbica). — Orn. Mitt. 20: 97–101.

SCHIFFERLI, A. (1967): Bericht der Schweizerischen Vogelwarte Sempach für die Jahre 1965–1966. — Orn. Beob. Bern 64: 152–171.

SCHIFFERLI, L., A. SCHIFFERLI & H. BLUM (1984): Brutverbreitung von Mauersegler Apus apus, Mehlschwalbe Delichon urbica und Rauchschwalbe Hirundo rustica im Kanton Tessin und im Misox GR. — Orn. Beob. Bern 81: 215–225.

SCHLEI, F. (1975): Quantitative Bestandsaufnahme einer Mehl- und Rauchschwalbenpopulation in einem thüringischen Dorf. — Falke 22. S. 120–121.

SCHMALFUß, H. (1964): Deutscher Vogelfreund in England. — Orn. Mitt. 16: 205–207.

SCHMIDT, E. (1966): Katastrophe für Schwalben und Segler infolge einer kalten Wetterperiode in Ungarn. — Vogelwarte 23: 312.

SCHMIDT, E. (1966/67): Birds following a plougling tractor. — Aquila 73/74: 203.

SCHMIDT, E. (1973): Ökologische Auswirkungen von elektrischen Leitungen und Masten sowie deren Accessorien auf die Vögel. — Beitr. Vogelkde. 19: 342–362.

SCHMIDT, E. (1986): Ornithologische Beobachtungen in Georgien. — Beitr. Vogelkde. 32: 208–218.

SCHMIDT, K. (1970): Flugbaden eines Pirols (Oriolus oriolus). — Beitr. Vogelkde. 15: 453–454.

SCHMIDT-KOENIG, K. (1956): Über Rückkehr, Revierbesetzung und Durchzug des Weißsternigen Blaukehlchens (Luscinia svecica cyanecula) im Frühjahr. — Vogelwarte 18: 185–197.

SCHMITT, R. (1962): Späte Mehlschwalbenbrut. — Regulus 42: 151.

SCHMITZ, J.-P. (1969): Vogelverluste an Glasflächen des Athenäums in Luxemburg. — Regulus 49: 423–427.

SCHNURRE, O. (1921): Die Vögel der deutschen Kulturlandschaft. Marburg a. L.

SCHNURRE, O. (1956): Ernährungsbiologische Studien an Raubvögeln und Eulen der Darßhalbinsel (Mecklenburg). — Beitr. Vogelkde. 4: 211–245.

SCHNURRE, O. (1971): Zur Ernährungsbiologie brandenburgischer und mecklenburgischer Baumfalken (Falco subbuteo). — Milu 3: 222–230.

SCHNURRE, O. (1973): Ernährungsbiologische Studien an Greifvögeln der Insel Rügen (Mecklenburg). — Beitr. Vogelkde. 19: 1–16.

SCHNURRE, O. & R. MÄRZ (1970): Ein Beitrag zur Wirbeltierfauna der Insel Rügen, im Lichte ernährungsbiologischer Forschung am Waldkauz. — Beitr. Vogelkde. 16: 355–371.

SCHNURRE, O., R. MÄRZ & V. CREUTZBURG (1975): Die Waldohreule (Asio otus) als Glied dreier Inselfaunen (Rügen, Amrum, Vlieland). — Beitr. Vogelkde. 21: 216–227.

SCHÖLZEL, H. (1968): Ornithologische Beobachtungen auf Korsika. — Orn. Mitt. 20: 55–56.

SCHÖNFELD, M. (1972): Gemeinsame Brutkolonie von Rauch- und Mehlschwalbe. — Beitr. Vogelkde. 18: 435–436.

SCHÖNFELD, M. (1975): Verstädterung der Mehlschwalbe, Delichon urbica. — Beitr. Vogelkde. 21: 356–357.

SCHÖNFUß, G. (1962): Ornithologische Beobachtungen in Jugoslawien. — Beitr. Vogelkde. 8: 158–170.

SCHÖNN, S. (1976): Vierjährige Untersuchungen der Biologie des Sperlingskauzes, Glaucidium p. passerinum (L.) im oberen Westerzgebirge. — Beitr. Vogelkde. 22: 261–300.

SCHÖNN, S. (1978): Der Sperlingskauz. — N. Brehm-Büch. 513.

SCHÖNN, S., W. SCHERZINGER, K.-M. EXO & R. ILLE (1991): Der Steinkauz. — N. Brehm-Büch. 606.

SCHOENNAGEL, E. (1939): Die Vogelfreistätten Rügens und der Nachbargebiete. — Dtsch. Vogelwelt 64: 4–9.

SCHÖNWETTER, M. (1967): Handbuch der Oologie. Berlin.

SCHONERT, H. & G. HEISE (1970): Die Vögel des Kreises Prenzlau. — Orn. Rundbr. Mecklenb. NF. 11: 1–43.

SCHREINER, I. (1974): Die Schwalbenüberwinterungsaktion an der Universität Regensburg im Winter 1974/75. — Jber. Orn. Arb. gem. Ostbayern 2: 20–22.

SCHUBERT, H.-J. (1957/60): Kleiner Beitrag zur Vogelwelt der iberischen Halbinsel. — Beitr. Vogelkde. 6: 366–388.

SCHÜZ, E. (1971): Grundriß der Vogelzugskunde. Berlin u. Hamburg.

SCHULZE, K.-H. (1971): Zur Nahrung der Rauchschwalbe (Hirundo rustica). — Beitr. Vogelkde. 17: 459.

SCHUMANN, C. (1970): Haussperlingsweibchen füttert junge Mehlschwalben. — Falke 17: 138.

SCHUSTER, L. (1953): Über den Einzug der Rauchschwalbe im Frühjahr. — Vogelwelt 74: 212–215.

SCHWAIGER, J. (1976a): Schwalbenzählung in der Großgemeinde Wörth a. d. Donau im Jahre 1975. — Jber. Orn. Arb. gem. Ostbayern 1975, H. 3: 30–31.

SCHWAIGER, J. (1976b): Schwalbenbestand 1973 und 1975 in Wörth/Donau. — Garmischer Vogelkde. Ber. 1: 42–46.

SCHWAMMBERGER, K. (1966): Haussperling (Passer domesticus) füttert junge Mehlschwalben (Delichon urbica). — Vogelwelt 87: 190.

SCHWARZE, H. (1975): Brutbestandaufnahme der Mehlschwalbe (Delichon urbica) in Kiel. — Corax 5: 143–146.

SCHWEIGER, J., A. SCHWEIGER & T. KAINZBAUER (1974): Schwalbenzählung in der Großgemeinde Wörth a. d. Donau 1973. — Jber. Orn. Arb.gem. Ostbayern 1: 17–19.

SELLIN, D. (1973): Das Verhalten von Vogelschwärmen gegenüber Feinden als besondere Form des Sozialverhaltens der Vögel. — Beitr. Vogelkde. 19: 458–464.

SELLIN, D. (1974): Avifaunistische Notizen aus der Uckermünder Heide. — Falke 21: 236–241, 268–273, 312–317.

SELONKE, W. (1984): Der spezialisierte Nesträuber. — Beitr. Vogelkde. 30: 74.

SIEDLE, K. & R. PRINZINGER (1988): Ontogenese des Körpergefieders, der Körpermasse und der Körpertemperatur. — Vogelwarte 34: 149–163.

SIEFKE et al. (1974): Jahresberichte der Vogelwarte Hiddensee — Beringungszentrale der DDR IV. Herausgegeben von der Vogelwarte Hiddensee.

SIMEONOV: D. (1967/68): Trophische Verbindung der Vögel aus einigen Sümpfen der Sofioter Ebene mit anderen Elementen der Sumpfbiozönose. — Larus 21/22: 166–180.

SIMMONS, K. E. L. (1952): Notes. — Brit. Birds 46: 68–74.

SIMMONS, K. E. L. (1949): Notes on juvinile house martins bringing mud. — Brit. Birds 42: 24.

SLIWINSKY, U. (1938): Isopiptesen einiger Vogelarten in Europa. — Zool. Polon. Lwów 2: 249–287.

SPENCER, K. G. & R. SPENCER (1977): Trembling movements of house martin when nestbuilding. — Brit. Birds 70: 305.

SPIJK, A. V. D. & V. MOST (1937): Vermoedelijke bastard tusschen Boerenzwaluw (Hirundo r. rustica L.) × Hiuszwaluw (Delichon u. urbica [L.]). — Ardea 26: 221–222.

SPILLNER, W. (1974): Am HORST des Baumfalken. — Falke 21: 202–211.

SPITZENBERGER, F. & H. STEINER (1959): Zur Avifauna Korsikas. — Egretta 2: 1–13.

ŠPLICHAL, J. (1938): Abnorme Mehlschwalbe. — Sylvia 3: 70–71.

STAUBER, W. (1969): Zum Beuteerwerb von Turmfalke (Falco tinnunculus), Baumfalke (Falco subbuteo) und Sperber (Accipiter nisus). — Orn. Mitt. 21: 37–38.

STEGEMANN, K.-D. (1980): Zum Neststandort des Grauschnäppers, Muscicapa striata PALL. — Beitr. Vogelkde. 26: 227–228.

STEINBACHER, J. (1956): Über den Herbstzug der Schwalben in Sardinien und Sizilien. — Vogelwarte 18: 211–212.

STEINBACHER, J. (1960): Zum Brutvogelleben in Sardinien. — Vogelwelt 81: 73–90.

STEINBACHER, J. (1970): Vögel als Beutetiere von Fischen. — Natur Mus. 100: 472.

STEINER, H. M. (1971): Feldkennzeichen der Rötelschwalbe (Hirundo daurica). — Egretta 14: 55–56.

STÉN, I. (1969): Die Vogelberingung in Finnland im Jahre 1967. — Mem. Soc. Fauna Flora Fenn. 45: 63–154.

STEPHENSON, G. C. & T. M. J. DORAN (1982): Apparent hybrid swallow × house martin. — Brit. Birds 75: 290.

STICHMANN-MARNY, U. (1966): Über 80 Jahre alte Nisttradition der Mehlschwalbe (Delichon urbica). — Natur Heimat 26: 5–6.

STIEFEL, A. (1968): Schlafgewohnheiten bei Vögeln. — Falke 15: 12–16, 42–47, 90–92.

STOPPER, H. (1962): Zum Neststand verschiedener Vogelarten. — Orn. Mitt. 14: 207.

STRACHE, R.-R. (1987): Zur herbstlichen Mauser der Bürzelbefiederung bei der Mehlschwalbe, Delichon urbica. — Beitr. Vogelkde. 33: 330.

STRACHE, R.-R. (1988): Flavistische Mehlschwalbe. — Beitr. Vogelkde. 34: 200–201.

STRAHM, J. (1953): Über Standort und Anlage des Nestes bei Felsenschwalben. — Orn. Beob. Bern 50: 41–48.

STREHLOW, A. (1971): Mehlschwalbe greift Star an. — Falke 18: 355.

STREMKE, A. & D. STREMKE (1980): Verhalten junger Mehlschwalben (Delichon urbica) nach dem Ausflie-

gen. — Orn. Rundbr. Mecklenb. NF. 22: 69–77.

STRESEMANN, E. (1918): Drei Jahre Ornithologie zwischen Verdun und Belfort. — Verh. orn. Ges. Bayern 13: 245–288.

ŠTROMAR, L. (1972/74): Prstenovanje ptica u godinama 1971 i 1972. — Larus 26/28: 5–43.

STÜBS, J. (1961): Ornithologische Beobachtungen in Frankreich. — Beitr. Vogelkde. 7: 233–239.

SUDHAUS, W. (1966): Ornithologische Beobachtungen im April auf Sardinien. — Orn. Mitt. 18: 87–100.

SUMMERS-SMITH, D. & L. R. LEWIS (1953): House martins and house sparrows. — Bird Notes 25: 44–48.

SUNKEL, W. (1926): Die Vogelfauna von Hessen. — Eschwege.

SUNKEL, W., F. W. Fömel, B. MÜLLER & C. Hartmann (1934): Verfrachtungsversuche des »Vogelring« mit heimischen Vögeln. — Vogelring 6: 45–49.

SUTER, H. & H. KUNZ (1956): Mehlschwalbenkolonie an Felsen. — Orn. Beob. Bern 53: 44.

SVENSSON, L. (1984): Identification Guide to European Passerins. — Stockholm.

SYNNATZSCHKE, J. (1974): Zum Greifvogelbestand im südlichen Harzvorland. — Apus 3: 49–73.

TAYLOR, J. K. (1945): Intense molestation of house martins by sparrows. — Brit. Birds 38: 318.

TEIDEMAN: J. (1946): House martins driving of house-sparrow from their nest. — Brit. Birds 39: 54.

THIEDE, W. (1986): Bemerkenswerte faunistische Feststellungen 1982/83 in Europa. — Vogelwelt 107: 191–198, 222–229.

TEIXEIRA, R. M. (1979): Atlas van de Nederlandse Broedvogels. — Ver. Behoud Natuurmonumenten Nederland, s'–Graveland.

THIER, H. (1973): Schwalben im Raume Wachtendonk. Über eine Zählung im Jahre 1970. — Geldrisch. Heimatkalender 1974: 126–127.

THOMSON, E. (1959): Über die Ankunftszeit der Zugvögel in Estland. — Orn. Mitt. 11: 185–186.

TINBERGEN, N. (1951): The study of Instinct. — Oxford.

TISCHLER, F. (1936): Übernachten Mehlschwalben gemeinschaftlich im Rohr? — Orn. Mber. 44: 117.

TISCHLER, F. (1941): Die Vögel Ostpreußens und seiner Nachbargebiete. — Königsberg u. Berlin.

TISCHOFF, M. (1955): Ornithologische Beobachtungen in Lappland. — Orn. Mitt. 7: 121–125.

TOLL, E. V. (1962): Erstankunft der Zugvögel im südlichen Schaumburg-Lippe 1950–1958. — Orn. Mitt. 14: 51–54.

TOMEK, W. (1973): Birds of the western part of the Ciezkowice uplands. — Acta zool. cracovia 18: 529–582.

TRATZ, E. P. (1911): Plötzliches zahlreiches Brüten der Fensterschwalbe (Delichon urbica [L.]) in Innsbruck. — Orn. Jber. 22: 150.

TURNER, A. & C. ROSE (1989): A Handbook to the Swallows and Martins of the World. — London.

TUTMAN, I. (1952/53): Spätes Brüten der Mehlschwalbe, Delichon urbica (L.). — Larus 6/7: 230.

UTTENDÖRFER, O. (1930): Studien zur Ernährung unserer Tagraubvögel und Eulen. — Abh. naturf. Ges. Görlitz 31: 1–210.

UTTENDÖRFER, O. (1939): Die Ernährung der deutschen Tagraubvögel und Eulen. Neudamm.

UTTENDÖRFER, O. (1952): Neue Ergebnisse über die Ernährung der Greifvögel und Eulen. Stuttgart.

Välikangas, I. (1953): Räystäspääsky pienten merensaarien asukkana. — Luonnon Tutkija 57: 16–19.

VANSTEENWEGEN, Ch. (1981): Nidification d'un hybride présumé entre l'Hirondelle de fenêtre (Delichon urbica) et l'Hirondelle de cheminée (Hirundo rustica). — Le Gerfaut 71: 611–615.

VASIĆ, V. (1962/64): Spätes Brüten einiger Vögel in Beograd. — Larus 16/18: 286–287.

VAUK, G. (1972): Die Vögel Helgolands. Hamburg u. Berlin.

VAUK, G. (1973): Seltene Gäste, Irrgäste und Bemerkungen zu den Brutvögeln Helgolands, 1972. — Vogelwelt 94: 146–154.

VAURIE, C. (1959): The Birds of the Palearctic Fauna. — London.

VERNOM, C. J. & P. S. LOCKHART (1970): Short Notes. — Ostrich 41: 252–265.

VIETINGHOFF-RIESCH, A. V. (1955): Die Rauchschwalbe. — Berlin.

VIETINGHOFF-RIESCH, A. V. (1957): Greife und Eulen als Vertilger der Rauchschwalbe (Hirundo rustica). — Beitr. Vogelkde. 5: 210–220.

VIHT, R. (1971): Some albinistic birds at Matsula. — Eesti Loodus 14: 116.

Vogelwarten Helgoland u. Radolfzell (1952): Beringen nichtflügger Vögel. — Orn. Merkbl. (Aachen) 2.

Vogelwarte Hiddensee (1974): Jahresbericht der Vogelwarte Hiddensee 4: 1–88.

VOIPIO, P. (1952): Linnut värikuvina. Porvoo-Helsinki.

VOIPIO, P. (1970): On »thunderflights« of the house martin Delichon urbica. — Orn. Fenn. 47: 15–19.

VOLĆANEZKIJ, J. (1932): Über die Verbreitung einiger Vogelarten in der Wolga-Ural-Steppe. — Orn. Mber. 40: 161–163.

VOOUS, K. H. (1962): Die Vogelwelt Europas und ihre Verbreitung. — Hamburg u. Berlin.

WAGNER, C. (1959): Fehlt es an Baumaterial oder an Bauplätzen bei der Mehlschwalbe (Delichon urbica)? — Regulus 39: 89–90.

WALLGREN, G. & H. WALLGREN (1948): Amteckningar om fågelfaunan i södra Vichtis. — Orn. Fenn. 25: 57–66.

WARDEU, D. (1974): Cuckoo paraziting swallow. — Brit. Birds 67: 478.

WASSENICH, V. (1960): Schwalbenschutz in Wintringen oder: Zur Nachahmung empfohlen! — Regulus 40: 114–116.

WASSENICH, V. (1971): Die Brutvögel Luxemburgs in Zahl und Graphik. — Regulus 51: 267–280.

WASSENICH, V. (1975): Bildlegende. — Regulus 55: 378.

WAYEMBERGH, T. (1953): Kurze Mitteilung. — Gerfaut 43: 261–291.

WEBER, B. (1968): Roßhaar als Vogelfalle. — Beitr. Vogelkde. 14: 172.

WEBER, H. (1959): Brut- und Gastvögel des Naturschutzgebietes Serrahn und Umgebung. In: Das Naturschutz- u. Forschungsgebiet Serrahn: 49–63.

WEBER, H. (1973): Entwicklung einer weitgehend abgeschlossenen Haussperlingspopulation im NSchG Serrahn. — Falke 20: 368–374, 415–418.

WEHNER, R. (1957): Spätbeobachtungen von Mehlschwalben (Delichon urbica). — Orn. Mitt. 9: 156.

WEISS, J. (1978): Tätigkeitsbericht 1973–76 der Arbeitsgruppe Feldornithologie. — Regulus 58: 58–112 (Beilage 2).

WENDLAND, V. (1963): Die Brutvögel des Rauristales (Hohe Tauern). — Egretta 6: 60–75.

WENDLAND, V. (1972a): Die Vögel des Rauristales (Hohe Tauern), Nachtrag. — Egretta 15: 41–48.

WENDLAND, V. (1972b): Über die Vogelwelt zweier Südtiroler Alpentäler. — Egretta 15: 49–54.

WENDT, E. (1988): Mauersegler (Apus apus) brütet im Mehlschwalbennest. — Orn. Jh. Bad.–Württ. 4: 72.

WESTERFRÖLKE, P. (1955): Stoß-Baden der Rauchschwalben. — Orn. Mitt. 7: 150.

WETMORE, A. (1951): A Revised Classification for the Birds of the World. — Smithson. misc. Coll. 117 (4).

WICHTRICH, P. (1937): Über die Vogelwelt des höchsten Thüringens. — Verh. orn Ges. Bayern 21: 181–224.

WIDEMANN, G. (1960): Ungewöhnliche Art zu baden bei Buchfink und Mehlschwalbe. — Vogelring 29: 110.

WIESE (1859): Ornithologische Beiträge. — J. Orn. 7: 132–155.

WINKLER, R. (1972): Zum Zustand der Schädelpneumatisation bei juvenilen Amseln Turdus merula im ersten Winter. — Orn. Beob. Bern 69: 16–19.

WINKLER, R. (1975): Mauserverhältnisse bei Rauchund Mehlschwalben auf dem Herbstzug. — Orn. Beob. Bern 72: 119–120.

WINKLER, R. (1976): Die wichtigsten ornithologischen Ereignisse 1972, 1973 und 1974 in der Schweiz. — Orn. Beob. Bern 73: 236–240.

WIPRÄCHTIGER, R. (1987): Bastard zwischen Rauchund Mehlschwalbe. — Vögel d. Heimat 57: 157–158.

WISMATH, R. (1971): Bemerkenswerte Brutnachweise in Nordtirol (Außerfern). — Orn. Mitt. 23: 131–135.

WITHERBY, H. F., F. C. R. JOURDAIN, N. F. TICEHURST & B. W. TUCKER (1938): The Handbook of British Birds. Bd. 2. — London.

WODNER, D. (1979): Ornithologische Auslese aus der nördlichen Oberlausitz 3. — Falke 26: 258–261.

WOLFF, G. (1959): Mehlschwalben nisten in einer Holzbetonhalbhöhle. — Orn. Mitt. 11: 110.

WOLTERS, H. E. (1966): Rassenfragen in der westfälischen Avifauna. — Anthus 3: 73–87.

WÜST, W. (1953): Nistet die Felsenschwalbe – Riparia r. rupestris (SCOPOLI) – noch in Deutschland? — Orn. Mitt. 5: 3–4.

WÜST, W. (1970): Die Brutvögel Mitteleuropas. — München.

YEATMAN, L. (1978): Delichon urbica nichant dans des terriers de Riparia riparia. — L'oiseau et R. F. O. 48: 283–284.

ZINK, G. (1969): Ringfunde der Vogelwarte Radolfzell 1947–68: Aufgliederung nach Fundgebieten und Fundmonaten. 1. Teil: Passeres. — Auspicium 3: 195–291.

ZINK, G. (1974): Beringungsübersicht der Vogelwarte Radolfzell für die Jahre 1968–1971. — Auspicium 5: 255–296.

ZINK, G. (1975): Der Zug der europäischen Singvögel, 2. Lfg. — Konstanz.

13 Register

Interessieren Sie sich intensiver für die Vogelkunde?
Dann wäre eine Mitgliedschaft in der

Deutsche Ornithologen-Gesellschaft (DO-G)

das Richtige für Sie!

Die DO-G ist einer der ältesten und größten wissenschaftlichen Gesellschaften, die sich mit Vogelkunde befassen. Ihr Publikationsorgan, das **Journal für Ornithologie**, erscheint bereits seit 1850 in Folge und bietet regelmäßig alle 3 Monate eine Fülle neuer Erkenntnisse aus allen Bereichen der aktuellen vogelkundlichen Forschung. Zusätzlich erhalten alle Mitglieder die Zeitschrift die "Vogelwarte" (seit 1930). Alljährlich findet eine mehrtägige Jahresversammlung an wechselnden Orten mit Diskussionen, Vorträgen, Filmvorführungen und Exkursionen statt. Sie vermitteln persönliche Beziehungen und sind ein Ort intensiven Gedankenaustausches. Während der Jahrestagungen wird auch über neue Geräte (Ferngläser, Spektive, Klangspektrographen etc.), Bücher, Bilder u.a.m. informiert! Zusätzlich fördert die DO-G intensiv wissenschaftliche Arbeiten durch Preise und finanzielle Unterstützungen von Vorhaben ornithologischer Forschungen. Haben Sie Interesse? Dann wenden Sie sich bitte an die folgende Adresse: **DO-G, z. Hd. Herrn W. Stauber, Postfach 10 60 13, D-70049 Stuttgart.** An diese Anschrift können Sie auch unten stehende Beitrittserklärung (bitte in Briefumschlag stecken) schicken.

Hiermit erkläre ich meinen Beitritt zur „Deutschen Ornithologen-Gesellschaft" mit Wirkung vom 1. 1. 19_____ als (bitte ankreuzen bzw. in Druckschrift ausfüllen):

☐ Ordentliches Mitglied (Jahresbeitrag DM 90,—)
☐ Lehrling, Student, Schüler (Jahresbeitrag DM 40,—; Ausbildungsbescheinigung beilegen)
☐ außerordentliches Mitglied (Jahresbeitrag DM 35,—; kein Zeitschriften-Bezug)

Der Jahresbeitrag wird auf das unten angegebene Konto der DO-G überwiesen.

Adresse   (Studenten. Lehrlinge und Schüler bitte Heimatanschrift angeben):

_____

(Name, Vorname)

_____

(Platz für zusätzliche Angaben, z. B. Institut etc.)

_____

(Straße)   (Ort)

_____

(Ort, Datum und Unterschrift)

Bankverbindung: DO-G, Deutsche Bank AG Stuttgart, BLZ 600 700 70; Kto. Nr. 1 154 848

DAS MAGAZIN FÜR DIE NATUR

kosmos

kosmos

E 10392 E

MÄRZ

1994

DM 9,–

SFR 9,–

ÖS 72,–

DVA

3

Kostenloses Probeheft anfordern !

Mit kosmos erleben Sie die Natur jeden Monat neu. Mit spannenden Berichten aus der Natur in der Nähe und mit abenteuerlichen Reportagen aus der ganzen Welt. Lesen Sie den neuen kosmos regelmäßig, und Sie lernen die Natur kennen. Überraschende Geschichten und faszinierende Bilder machen jedes einzelne Heft von kosmos interessant. Alle Ausgaben zusammen sind eine umfangreiche Sammlung über die Themen der Natur.

...sraum Bromelienblüte

Queensland
Australiens „Sonnenstaat" bietet tropischen Regenwald und bunte Korallenriffe

Worpswede
Besuchen Sie mit kosmos das berühmte Dorf der Maler

kosmos Leser-Service, Postfach 10 60 12, 70049 Stuttgart